U0349738

大/数/据/管/理/丛/书

短文本数据理解

王仲远　编著

机械工业出版社
China Machine Press

图书在版编目（CIP）数据

短文本数据理解/王仲远编著.—北京：机械工业出版社，2017.2（2017.11 重印）
（大数据管理丛书）

ISBN 978-7-111-55881-1

I. 短…　II. 王…　III. 文本编辑　IV. TP311.11

中国版本图书馆 CIP 数据核字（2017）第 013386 号

本书围绕短文本理解的各项需求及挑战，创造性地提出了概念化模型作为短文本理解的核心技术，可以广泛应用于搜索引擎、广告系统、智能助手等场景中，是大数据管理不可或缺的部分，具有较高的实际应用价值。全书深入浅出、案例丰富，适合知识图谱、自然语言处理、信息检索、人工智能等方向的研究生阅读，也能为相关领域研究人员和开发人员提供重要参考。

出版发行：机械工业出版社（北京市西城区百万庄大街 22 号　邮政编码：100037）

责任编辑：佘　洁　　　　　　　　　　　责任校对：李秋荣

印　　刷：北京文昌阁彩色印刷有限责任公司　　版　　次：2017 年 11 月第 1 版第 2 次印刷

开　　本：170mm×242mm　1/16　　　　印　　张：10

书　　号：ISBN 978-7-111-55881-1　　　　定　　价：69.00 元

当下大数据技术发展变化日新月异，大数据应用已经遍及工业和社会生活的方方面面，原有的数据管理理论体系与大数据产业应用之间的差距日益加大，而工业界对于大数据人才的需求却急剧增加。大数据专业人才的培养是新一轮科技较量的基础，高等院校承担着大数据人才培养的重任。因此大数据相关课程将逐渐成为国内高校计算机相关专业的重要课程。但纵观大数据人才培养课程体系尚不尽如人意，多是已有课程的"冷拼盘"，顶多是加点"调料"，原材料没有新鲜感。现阶段无论多么新多么好的人才培养计划，都只能在 20 世纪六七十年代编写的计算机知识体系上施教，无法把当下大数据带给我们的新思维、新知识传导给学生。

为此我们意识到，缺少基础性工作和原始积累，就难以培养符合工业界需要的大数据复合型和交叉型人才。因此急需在思维和理念方面进行转变，为现有的课程和知识体系按大数据应用需求进行延展和补充，加入新的可以因材施教的知识模块。我们肩负着大数据时代知识更新的使命，每一位学者都有责任和义务去为此"增砖添瓦"。

在此背景下，我们策划和组织了这套大数据管理丛书，希望能够培养数据思维的理念，对原有数据管理知识体系进行完善和补充，面向新的技术热点，提出新的知识体系/知识点，拉近教材体系与大数据应用的距离，为受教者应对现代技术带来的大数据领域的新问题和挑战，扫除障碍。我们相信，假以时日，这些著作汇溪成河，必将对未来大数据人才培养起到"基石"的作用。

丛书定位：面向新形势下的大数据技术发展对人才培养提出的挑战，旨在为学术研究和人才培养提供可供参考的"基石"。虽然是一些不起眼的"砖头瓦块"，但可以为大数据人才培养积累可用的新模块（新素材），弥补原有知识体系与应用问题之前的鸿沟，力图为现有的数据管理知识查漏补缺，聚少成多，最终形成适应大数据技术发展和人才培养的知识体系和教材基础。

丛书特点：丛书借鉴 Morgan & Claypool Publishers 出版的 Synthesis Lectures on Data Management，特色在于选题新颖，短小精湛。选题新颖即面向技术热点，弥补现有知识体系的漏洞和不足（或延伸或补充），内容涵盖大数据管理的理论、方法、技术等诸多方面。短小精湛则不求系统性和完备性，但每本书要自成知识体系，重在阐述基本问题和方法，并辅以例题说明，便于施教。

丛书组织：丛书采用国际学术出版通行的主编负责制，为此特邀中国人民大学孟小峰教授（email：xfmeng@ruc.edu.cn）担任丛书主编，负责丛书的整体规划和选题。责任编辑为机械工业出版社华章分社姚蕾编辑（email：yaolei@hzbook.com）。

当今数据洪流席卷全球，而中国正在努力从数据大国走向数据强国，大数据时代的知识更新和人才培养刻不容缓，虽然我们的力量有限，但聚少成多，积小致巨。因此，我们在设计本套丛书封面的时候，特意选择了清代苏州籍宫廷画家徐扬描绘苏州风物的巨幅长卷画作《姑苏繁华图》（原名《盛世滋生图》）作为底图以表达我们的美好愿景，每本书选取这幅巨卷的一部分，一步步见证和记录数据管理领域的学者在学术研究和工程应用中的探索和实践，最终形成适应大数据技术发展和人才培养的知识图谱，共同谱写出我们这个大数据时代的盛世华章。

在此期望有志于大数据人才培养并具有丰富理论和实践经验的学者和专业人员能够加入到这套书的编写工作中来，共同为中国大数据研究和人才培养贡献自己的智慧和力量，共筑属于我们自己的"时代记忆"。欢迎读者对我们的出版工作提出宝贵意见和建议。

大数据管理丛书

主编：孟小峰

大数据管理概论

孟小峰　编著

2017 年 5 月

异构信息网络挖掘：原理和方法

［美］孙艺洲（Yizhou Sun）　韩家炜（Jiawei Han）　著

段磊　朱敏　唐常杰　译

2017 年 5 月

大规模元搜索引擎技术

［美］孟卫一（Weiyi Meng）　於德（Clement T. Yu）　著

朱亮　译

2017 年 5 月

大数据集成

［美］董欣（Xin Luna Dong）　戴夫士·斯里瓦斯塔瓦（Divesh Sriva-stava）　著

王秋月　杜治娟　王硕　译

2017 年 5 月

短文本数据理解

王仲远　编著

2017 年 5 月

个人数据管理

李玉坤　孟小峰　编著

2017 年 5 月

位置大数据隐私管理

潘晓　霍峥　孟小峰　编著

2017 年 5 月

移动数据挖掘

连德富　张富峥　王英子　袁晶　谢幸　编著

2017 年 5 月

云数据管理：挑战与机遇

［美］迪卫艾肯特·阿格拉沃尔（Divyakant Agrawal）　苏迪皮托·达斯
（Sudipto Das）　阿姆鲁·埃尔·阿巴迪（Amr El Abbadi）　著

马友忠　孟小峰　译

2017 年 5 月

短文本理解是伴随着搜索引擎、社交网络及聊天机器人等应用场景而兴起的一个研究课题。它是近些年的一个研究热点，且对未来人工智能的发展有重要的影响。由于短文本字词少、歧义大、不遵守语法规则等特点，传统自然语言处理技术如句法分析器等难以直接应用于短文本。因此，研究人员不得不另辟蹊径来解决机器理解短文本的问题。

从 2009 年起，我在微软亚洲研究院领导一个小组从事短文本的研究工作。2010 年 7 月，本书作者王仲远加入微软亚洲研究院并参与这方面的研究。我们及组里其他同事共同开发了一个 Web 规模的知识库系统 Probase，尝试解决知识尤其是常识的获取、表示及应用问题。我们认为"概念"对于理解短文本的语义至关重要，正如纽约大学著名心理学教授 Gregory L. Murphy 在其代表性著作《The Big Book of Concepts》中提到"Concepts are the glue that holds our mental world together"（概念是我们思想的粘合剂）。通过 Probase，我们尝试着将一些心理学研究的课题可计算化，并取得了很大的成果。2011 年，仲远开始在中国人民大学攻读在职博士生，我很荣幸又成为他的博士生导师。之后，仲远在围绕 Probase 的工程项目、学术研究中不断突飞猛进，取得了一个又一个成果。

2013 年，我离开微软，仲远接手了 Probase 项目。他不断深化基于

Probase 所构建的短文本理解概念化模型，并获得了国际著名学术会议 ICDE 2015 最佳论文奖。在 2016 年的国际自然语言处理学术会议 ACL 上，仲远和我共同作了一个报告"Understanding Short Texts"。我们将短文本理解的方法简要分为隐性模型和显性模型两大类。隐性模型主要是基于词向量和深度神经网络的模型，其主要缺点是模型为一个"黑盒子"，结果常常难以具体化解释。而另一方面，显性模型主要依赖于知识库系统或语义网络，其可解释性强于隐性模型，但知识的获取及表示是一大挑战。尤其是知识质量与覆盖率，更是会直接影响显性模型的最终效果。

我非常高兴地看到仲远将这些年的研究成果整理成书。这本书对短文本概念化问题进行了详细的介绍，既有单实体概念化模型，也有短文本概念化模型，并介绍了概念化模型的一些典型应用。全书结构合理，系统性强，并且本书许多章节都包含了大量实例与插图，便于读者理解背后的技术模型，也使得本书有很强的实用性和阅读性。

希望本书能为知识图谱、自然语言处理、信息检索、人工智能等相关领域研究人员和开发人员提供重要参考。我愿全力推荐本书给广大读者。

Haixun Wang

Facebook Research Scientist & Engineering Manager

2016 年 9 月 26 日于美国 Palo Alto

　　短文本是互联网上广泛存在的一种文本数据，如搜索引擎查询、广告及推荐系统关键词、社交网络聊天记录、产品的用户评论等。然而，由于短文本"短"的特性，使得机器理解其语义面临极大的挑战。以英文搜索引擎的查询为例，97％的搜索查询所包含的词数少于或等于 8 个，其中更是有 63％的搜索查询只包含一两个词。因此对于短文本，机器必须从极为有限的上下文中，尝试挖掘出丰富而有效的信息，这是关乎机器人工智能的基础性研究，对许多实际应用场景具有至关重要的意义。

　　本书围绕短文本理解的各项需求及挑战，创造性地提出了概念化模型作为短文本理解的核心技术，为解决机器短文本理解这一问题迈出了重要的一步。本书涵盖了如下创新性研究内容：1)提出了基于概率的属性提取与推导，并挖掘了动词、形容词等非实体词与概念之间的语义关联，为短文本理解奠定了基础，完善了短文本理解所需的语义网络；2)针对短文本理解的概念化模型，通过解决短文本中单实体和多实体的概念化问题，克服了短文本较稀疏、噪声多、歧义大的特点，将短文本转为机器可以计算的一种显性概念向量表示方法，这成为短文本理解的一种新的解决方案；3)针对短文本中的主题词与修饰词检测问题，提出了一种基于概念化、面向开放领域的无监督检测机制。

　　本书作者王仲远是我的博士生，也曾是微软亚洲研究院最年轻的主管研究员之一。他在微软亚洲研究院工作以及博士研究生就读期间在顶级学术会议和期刊上发表了一系列与短文本相关的论文，并在提炼和系统化这些工作的基础上写就了其博士论文。作为其导师，我很欣慰地看到他不辞辛苦地将其博士论文整理成册，将其中的理论和技术介绍给更多的读者，从而推动国内相关研究领域的发展。

全书结构清晰，深入浅出，以大量实例来解释其背后的技术难点与解决方案，并展示了在实际广告系统中的应用实例。相信本书对广大的科研工作者、研究生及从事相关工作的算法工程师都具有重要的参考价值。我向广大读者大力推荐这本书籍！

文继荣

国家"千人计划"特聘专家，中国人民大学信息学院院长

2016 年 9 月 26 日

当今世界，每天都有数十亿的短文本产生，比如搜索查询、广告关键字、标签、微博、问答、聊天记录等。与长文本（如文档）不同，短文本具有如下特性：首先，短文本通常不遵守语法规则；其次，短文本由于字数少，本身所包含的信息也较少。前者使得传统的自然语言处理方法不能直接适用于短文本，而后者则意味着短文本理解不得不依赖于外部信息。简而言之，短文本具有较稀疏、噪声大、歧义多的特点，因而机器理解短文本面临极大的挑战。

而另一方面，随着近些年人工智能技术的重大突破，尤其是大规模知识图谱以及深度学习技术的出现，使得机器理解短文本出现新的曙光。研究者们提出了许多将文本转换成机器所能理解的内部表示方法。这些方法可以分为三类：1)隐性知识表示方法，如基于深度学习产生的向量表示法；2)半显性知识表示方法，如主题模型；3)显性知识表示方法，如概念化模型。这些方法各有优缺点。一般而言，前两类方法适用广泛，已有若干成熟应用，但其所产生的模型难以被人类理解，因此优化较为困难。而后一类方法正蓬勃发展，涌现出许多新的模型，并已在许多大型互联网公司如 Google、微软内部使用。如果读者对这几类方法的概况有进一步了解的兴趣，可以参见本书作者在国际自然语言处理顶级学术会议 ACL 2016 上的一个专题教程（Tutorial）报告 "Understanding Short

Texts"（理解短文本）（主页地址：http：//www. wangzhongyuan. com/tutorial/ACL2016/Understanding-Short-Texts/）。

本书主要介绍基于知识图谱进行显性短文本理解的方法，即由笔者提出的创新性概念化模型，并对不同情况下的概念化过程进行深入分析与探讨。本书许多章节的内容依托于发表在国际相关领域顶级学术会议或期刊上的技术论文，并已实际应用于微软的众多产品中（如必应搜索、广告系统、MSN 查询推荐、Office 365 等）。

尤为值得一提的是，笔者在微软亚洲研究院领导开发多年的大型知识库系统 Probase 也于近期由微软研究院正式发布。发布的正式名称为"Microsoft Concept Graph"（微软概念图谱），网址为 https：//concept. research. microsoft. com/。有兴趣的读者可以访问该发布网址以获得更多详细信息，本书许多章节中的模型都是构建在这个概念图谱之上（书中称其为知识库、语义网络或 Probase）。读者也可以从该发布网址中获得微软从海量互联网网页中所挖掘出的知识图谱数据，以便作进一步研究使用。

本书的内容和组织结构

本书内容依照数据层、模型层和应用层逐步展开介绍。其中，第 2 章为数据层，第 3～6 章为模型层，第 7 章为应用层。

本书组织结构如下：

第 1 章为"短文本理解及其应用"。主要介绍短文本理解的研究背景及意义，分析短文本理解的研究现状。

第 2 章为"基于概率的属性提取与推导"。主要介绍一种在语义网络层，为百万级的概念推导出属性的方法。

第 3 章为"单实体概念化模型"。介绍了一种基于典型性和点互信息（PMI）将单实体映射到概念空间的基本层次概念化（Basic-level Conceptualization，BLC）方法。

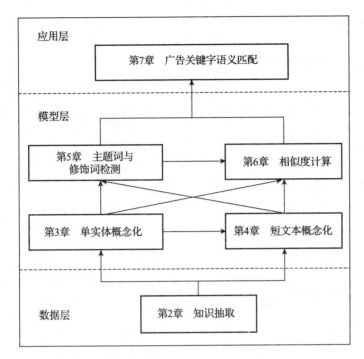

第 4 章为"基于概念化的短文本理解"。介绍一种基于概念化的查询理解方法，把短文本（如搜索引擎中的查询关键字）所包含的实体映射到概念空间上，从而支持机器进行进一步的计算。

第 5 章为"基于概念化的短文本主题词与修饰词检测"。基于概念化模型，将大量实体级别的"主题词-修饰词"对映射为精细且精确的带权重的概念模式，进而进行主题词与修饰词的检测。

第 6 章为"基于概念化的词相似度计算"。利用概念化模型，将词映射为一种语义表示，从而计算任意两个词之间的语义相似度值。

第 7 章为"基于概念化的海量竞价关键字匹配"。展示了本书所介绍的模型在实际系统中的应用，把短文本概念化成一组相关概念，通过测量它们在概率空间的相似度，对于给定的查询选择相关的竞价关键字。

第 8 章为"短文本理解研究展望"。指出了短文本理解方向未来的研究工作。

本书读者对象

- 从事文本数据处理、自然语言处理等研究方向的高校教师及科研机构研究人员。
- 高校计算机、数学、统计学、信息管理等专业学生。
- 从事互联网搜索、广告、文本理解、推荐系统、聊天机器人等相关研究开发工作的研究员、程序员、技术经理等。
- 对大数据、人工智能、自然语言处理、知识图谱、搜索引擎等技术感兴趣的读者。

致谢

本书内容凝结了笔者在微软亚洲研究院多年研究成果的结晶。在此衷心感谢我的导师孟小峰教授、文继荣教授、王海勋博士将我带入了学术的殿堂。在他们的指导下，我从一名普通的高校学生成长为一名合格的研究员，并且能在一些研究领域得到同行的认可。感谢我在微软亚洲研究院的同事李红松、宋阳秋、邵斌、宋睿华、窦志成、闫峻、纪蕾、马维英等，他们在我的研究中给予了热心帮助，与他们的讨论也对我的研究思路有很大的启发。感谢复旦大学肖仰华副教授、北京大学邹磊副教授、上海交通大学朱其立教授，与他们共同合作论文是一种荣幸。感谢在微软亚洲研究院实习过的李培培、Taesung Lee、王芳、胡志睿、华雯、赵可君、程健鹏、张大卫、郝泽慧、徐昊文、王鹏伟、李英杰等四十余位实习生，与他们一起讨论、工作，才有一个个将创新想法变为现实的可能。感谢胡莎、韩家龙同学，他们的睿智、热情、友善、诚恳时刻影响着我。感谢家人一直以来对我的支持。感谢我的妻子、我的父母、我的姐姐，他们的理解、支持与鼓励是我一步步前行的动力。感谢所有还未提及的老师、同学和朋友们！

　　谨以此书献给我正在牙牙学语的儿子王子航，感谢他带给我的无尽欢乐与幸福，希望他快乐成长！

　　本书涉及面广，内容丰富，参考文献众多。值得指出的是，在全书的撰写和课题的研究中，尽管投入了大量精力、付出了艰苦努力，但受知识水平所限，书中不当之处在所难免，诚恳希望读者批评指正并不吝赐教。如果有任何建议或意见，可通过笔者主页（http：//wang-zhongyuan. com/en/）上的联系方式告知。

王仲远

2016 年 9 月 25 日凌晨于北京西绦胡同

作者简介 ‖

王仲远　博士，美国 Facebook 公司 Research
Scientist。加入 Facebook 前，他是微软亚洲研究院
的主管研究员，领导微软研究院的两个知识图谱项
目 Probase（即微软的概念知识图谱/Microsoft Con-
cept Graph）和 Enterprise Dictionary（企业知识图谱
项目），以及一个人工智能助手项目 Digtal Me。他
多年来专注于知识图谱及其在文本理解方面的研究，已在 SIGMOD、
VLDB、ICDE、IJCAI、AAAI、CIKM、EMNLP 等国际顶级学术会议
上发表论文 30 余篇，其中包括 ICDE 2015 最佳论文奖。他也是国际自
然语言顶级学术会议 ACL 2016 Tutorial "Understanding Short Texts"的
主讲人之一。目前已出版技术专著 2 本，拥有美国专利 5 项。他的研究
兴趣包括：文本理解、知识库系统、自然语言处理、深度学习、数据挖
掘等。

第 1 章

短文本理解及其应用

1.1　短文本理解

短文本广泛地存在于互联网的各个角落，如搜索查询、广告关键字、锚文本、标签、网页标题、在线问题、微博等，都属于短文本。一般而言，短文本字数少，没有足够的信息量来进行统计推断，因此机器很难在有限的语境中进行准确的语义理解。此外，由于短文本常常不遵循语法，自然语言处理技术如词性标注和句法解析等，难以直接应用于短文本分析。正是由于这些特性，使得让机器正确理解短文本十分困难。然而，短文本理解又是一项对于机器最终实现人工智能至关重要的任务，其在知识挖掘领域有很多潜在应用，如网页搜索、在线广告、智能问答等。那么，如何才能够破解其中的挑战呢？

我们不妨首先跳出机器的范畴，看看人类是如何理解短文本的。对于人类而言，理解这些短文本是十分简单的。即使是一个 10 岁左右的儿童，当他们看到短文本(如搜索查询)时，都可以正确地理解这些短文本的含义。究其原因，是由于人类具有"思维"，能够积累知识并做出推断。例如，给出两个查询语句"band for wedding"和"wedding band"，人类可以清楚地判断前者指的是一项"婚礼乐队服务"，而后者是"结婚戒指"。而这种知识的积累，是人们通过不断学习而获得的。

为了使机器也具有类似的能力，先前的研究往往也会构造出一些知识库系统，如 Freebase、Yago 等为机器"装备"知识。这些知识库大多包含大量实体以及与之相关的事实。以搜索引擎或问答系统为例，基于这些事实，机器可以通过查询的方式获取输入问题的答案。然而，如图 1-1 所示，在机器回答问题前，首先需要解决的是"理解"问题，这也是这一过程中的最大挑战。

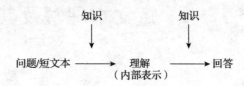

图 1-1　基于知识的问答过程

通过深入研究，我们发现理解短文本所需要的知识与回答短文本所需要的知识并不相同。例如，针对短文本"世界上第三大瀑布"，10 岁的儿童可以正确理解其含义，但是却不一定能够正确回答这个问题。这是因为，理解短文本更需要的是常识性知识(注重广度)，而回答短文本更需要的是专业性知识(注重深度)。因此，传统的知识库系统并不能很好地解决短文本理解问题。

为了克服机器理解短文本的障碍，先前基于短文本的应用常通过枚举和关键词匹配的方式避免"理解"这一任务。以自动问答系统为例，可事先构建关于问题和答案匹配的列表，这样在线查询时只需对列表中的条目进行匹配即可。近年来随着自然语言处理技术的发展，主流的搜索引擎正逐渐从基于关键词的搜索向文本理解过渡。例如，给出"apple ipad"这个短文本，机器需要明白"apple"所指为品牌名而不是水果。

为了实现自动化的短文本理解，许多相关工作[54,153,172]证明，这一过程相当依赖额外的知识。这些知识可以帮助机器充分挖掘短文本中词与词之间的联系，如语义相关性。例如，在英文查询"premiere Lincoln"中，"premiere"是一个重要的信息，表明"Lincoln"在这里指的是movie(电影)；同样，在"watch harry potter"中，正因为"watch"(观看)的出现，"harry potter"的含义可被判定为 movie(电影)或 DVD，而不是

book(图书)。但是，这些关于词汇的知识(例如"watch"的对象通常是 movie)并没有在短文本中明确表示出来，因而需要通过额外的知识源获取。图 1-2 展示了所有短文本理解方法在知识源属性和粒度的二维坐标轴中对应的位置。这些方法将在下一节逐一讨论。

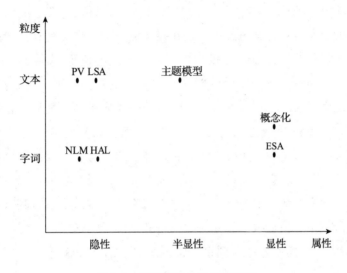

图 1-2　不同模型的属性和粒度

1.2　短文本理解研究现状

1.2.1　短文本理解模型概述

本节根据短文本理解所需知识源的属性，将短文本理解模型分为三类：隐性(implicit)语义模型、半显性(semi-explicit)语义模型和显性(explicit)语义模型。其中，隐性和半显性模型试图从大量文本数据中挖掘出词与词之间的联系，从而应用于短文本理解。相比之下，显性模型使用人工构建的大规模知识库和词典辅助短文本理解。

1. 隐性语义模型

隐性语义模型产生的短文本表示通常为映射在一个语义空间上的隐

性向量。这个向量的每个维度所代表的含义人们无法解释，只能用于机器计算。以下将介绍几种代表性的隐性语义模型。

隐性语义分析(Latent Semantic Analysis，LSA)模型：最早的基于隐性语义的文本理解框架为 LSA 模型[54]，也被称为 Latent Semantic Indexing(LSI)模型。LSA 模型旨在用统计方法分析大量文本从而推出词与文本的含义表示，其思想核心是在相同语境下出现的词具有较高的语义相关性。具体而言，LSA 模型构建一个庞大的词与文本的共现矩阵。对于每个词向量，它的每个维度都代表一个文本；对于每个文本向量，其每个维度代表一个词。通常，矩阵每项的输入是经过平滑或转换的共现次数。常用的转换方法为 TF-IDF。最终，LSA 模型通过奇异值分解(SVD)的方法将原始矩阵降维。在短文本的情境下，LSA 模型有两种使用方式。首先，在语料足够多的离线任务上，LSA 模型可以直接构建一个词与短文本的共现矩阵，从而推出每个短文本的表示。其次，在训练数据量较小的情境下，或针对线上任务(针对测试数据)，可以事先通过标准的 LSA 模型方法得到每个词向量，然后使用额外的语义合成方式获取短文本向量。

超空间模拟语言(Hyperspace Analogue to Language，HAL)模型：一个与 LSA 模型类似的模型是 HAL 模型[96]。HAL 模型与 LSA 模型的主要区别在于前者是更加纯粹的词模型。HAL 模型旨在构建一个词与词的共现矩阵。对于每个词向量，它的每个维度代表一个语境词。该模型统计目标词汇与语境词汇的共现次数，并经过相应的平滑或转换(如 TF-IDF、Pointwise Mutual Information(PMI)等)得到矩阵中每个输入的值。通常，语境词的选取有较大的灵活性。例如，语境词可被选为整个词汇，或者除停止词外的高频词[159]。类比 LSA 模型，在 HAL 模型中可以根据原始向量的维度和任务要求选择是否对原始向量进行降维。由于 HAL 模型的产出仅仅为词向量，在短文本理解这一任务中需采用额外的合成方式(如向量相加)来推出短文本向量。

神经语言模型(Neural Language Model，NLM)：近年来，随着神经网络和特征学习的发展，传统的 HAL 模型逐渐被 NLM[20,114,110,45]取代。与 HAL 模型通过明确共现统计构建词向量的思想不同，NLM 旨在将词向量当成待学习的模型参数，并通过神经网络在大规模非结构化文本的训练来更新这些参数以得到最优的词语义编码(常被称作 Word Embedding)。

最早的概率性 NLM 由 Bengio 等提出[20]。其模型使用前向神经网络(Feedforward Neural Network)根据语境预测下一个词出现的概率。通过对训练文本中每个词的极大似然估计，模型参数(包括词向量和神经网络参数)可使用误差反向传播(BP)算法进行更新。此模型的缺点在于仅仅使用了有限的语境。后来，Mikolov 等[114] 提出使用递归神经网络(Recurrent Neural Network)来代替前向神经网络，从而模拟较长的语境。此外，原始 NLM 的计算复杂度很高，这主要是由于网络中大量参数和非线性转换所致。针对这一问题，Mikolov 等[110] 提出两种简化(去掉神经网络权重和非线性转换)的 NLM，即 Continuous Bag of Words(CBOW)和 Skip-gram。前者通过窗口语境预测目标词出现的概率，而后者使用目标词预测窗口中的每个语境词出现的概率。

另一类非概率性的神经网络以 Collobert 和 Weston 的工作[45]为代表。其模型 Senna 考虑文本中的 n 元组。对每个 n 元组中某个位置的词(如中间词)，模型选取随机词来代替该词，从而产生若干新的 n 元组作为负样本。在训练中，一个简单的神经网络为 n 元组打分，训练目标为正样本得分 s^+ 与负样本得分 s^- 间的最大间隔排序损失(max-margin ranking loss)：

$$\sum_{n\text{-gram}} \max(0, 1 - s^+ + s^-)$$

总而言之，NLM 同 HAL 模型相似，所得到的词向量并不能直接用于短文本理解，而需要额外的合成模型依据词向量得到短文本向量。

段向量(Paragraph Vector，PV)：PV[98]是另一种基于神经网络的隐性短文本理解模型。PV 可被视作 CBOW 和 Skip-gram 的延伸，可直接应用于短文本向量的学习。PV 的核心思想是将短文本向量当作"语境"，用于辅助推理(例如，根据当前词预测语境词)。在极大似然的估计过程中，文本向量亦被作为模型参数更新。PV 的产出是词向量和文本向量，对于(线上任务中的)测试短文本，PV 需要使用额外的推理获取其向量。图 1-3 比较了 CBOW、Skip-gram 和两种 PV 的异同。

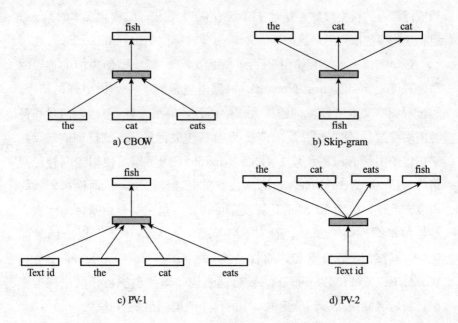

图 1-3   CBOW、Skip-gram 和两种 PV

2. 半显性语义模型

半显性语义模型产生的短文本表示方法也是一种映射在语义空间里的向量。与隐性语义模型不同的是，半显性语义模型的向量的每一个维度是一个"主题"（topic），这个主题通常是一组词的聚类。人们可以通过这个主题猜测这个维度所代表的含义。但是这个维度的语义仍然不是明确、可解释的。半显性语义模型的代表性工作是主题模型（topic model）。

主题模型：最早的主题模型为 LSA 模型的延伸。LSA 模型尝试通过线性代数（奇异值分解）的处理方式发现文本中的隐藏语义结构，从而得到词和文本的特征表示；而主题模型则尝试从概率生成模型（Generative Model）的角度分析文本语义结构，模拟主题这一隐藏参数，从而解释词与文本的共现关系。

最早的主题模型 Probabilistic LSA（PLSA）模型由 Hofmann 等提出[70]。PLSA 模型假设文本具有主题分布，而文本中的词从主题对应的词分布中抽取。以 d 表示文本，w 表示词，z 表示主题（隐藏参数），Z

表示主题集合，则文本和词的联系概率 $p(d,w)$ 的生成过程可被表示如下：

$$p(d,w) = p(d) \sum_{z \in Z} p(w \mid z) p(z \mid d)$$

虽然 PLSA 模型可以模拟每个文本的主题分布，然而其没有假设主题的先验分布（每个训练文本的主题分布相对独立），它的参数随训练文本的个数呈线性增长，且无法应用于测试文本。

一个更加完善的主题模型为 LDA 模型（Latent Dirichlet Allocation Model）[29]。LDA 模型从贝叶斯的角度为两个多项式分布添加了狄利克雷先验分布，从而解决了 PLSA 模型中存在的问题。在 LDA 模型中，每个文本的主题分布为多项式分布 Mult(θ)，其中 θ 从狄利克雷先验 Dir(α) 中抽取。同理，对于主题的词分布 Mult(φ)，其参数 φ 从狄利克雷先验 Dir(β) 获取。图 1-4 对比了 PLSA 模型和 LDA 模型的盘子表示法（Plate notation）。

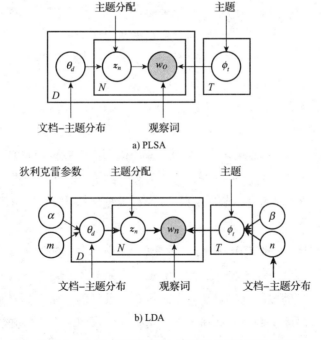

图 1-4　PLSA 模型和 LDA 模型的盘子表示法比较

总之，通过采用主题模型对短文本进行训练，最终可以获取每个短文本的主题分布，以作为其表示方式。这种方法将短文本转为了机器可计算的向量。

3. 显性语义模型

近年来，随着大规模知识库系统的出现（如 Wikipedia、Freebase、Probase 等），越来越多的研究关注于如何将短文本转化成人和机器都可以理解的表示方法。这类模型称为显性语义模型。与前两类模型相比，显性语义模型最大的特点就是它所产生的短文本向量表示不仅是机器可用于计算的，也是人类可以理解的，每一个维度都有明确的含义，通常是一个明确的"概念"（concept）。这意味着机器将短文本转为显性语义向量后，人们很容易就可以判断这个向量的质量，并发现其中的问题，从而方便进一步的模型调整与优化。

显性语义分析（Explicit Semantic Analysis，ESA）模型：在基于隐性语义的模型中，（低维）向量的每个维度并没有明确的含义标注。与之相对的是显性语义模型，向量空间的构建由知识库辅助完成。最具代表性的显性语义模型为 ESA 模型[66]。ESA 模型同 LSA 模型的构建思路一致，旨在构建一个庞大的词与文本的共现矩阵。在这个矩阵中，每个输入为词与文本的 TF-IDF。然而，在 ESA 模型中词向量的每个维度代表一个明确的知识库文本，如 Wikipedia 文章（或标题）。此外，原始的 ESA 模型没有对共现矩阵进行降维处理，因而产生的词向量具有较高维度。在短文本理解这一任务中，需使用额外的语义合成方法推导出短文本向量。图 1-5 比较了 LSA 模型、HAL 模型、ESA 模型和 LDA 模型的区别与联系。

概念化（Conceptualization）：另一类基于显性语义的短文本理解方法为概念化[153,90,77,172]。概念化旨在借助知识库推出短文本中每个词的概念分布，即将词按语境映射到一个以概念为维度的向量上。在这一任务中，每个词的候选概念可从知识库中明确获取。例如，通过知识库 Probase[166]，机器可获悉 apple 这个词有 fruit 和 company 这两个概念。当 apple 出现在"apple ipad"这个短文本中，通过概念化可分析得出 apple

有较高的概率属于 company 这个概念。

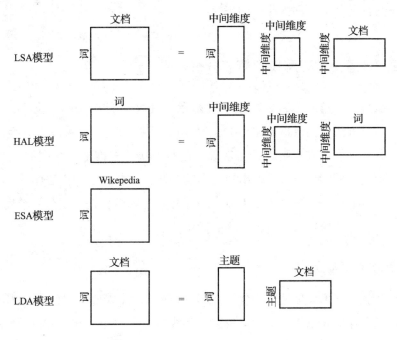

图 1-5 LSA 模型、HAL 模型、ESA 模型和 LDA 模型比较

最早的概念化方法由 Song 等提出[153]。其模型使用知识库 Probase，获取短文本中每个词与概念间的条件概率 p(concept｜word)和 p(word｜concept)，从而通过朴素贝叶斯方法推出每个短文本的概念分布。这一单纯基于概率的模型无法处理由语义相关但概念不同的词组成的短文本(如"apple ipad")。为解决无法识别语境的问题，Kim 等[90]对 Song 的模型做出了改进。新的模型使用 LDA 主题模型，分析整条短文本的主题分布，进而计算 p(concept｜word，topic)。

另一个基于 Probase 的短文本理解框架为 Hua 等提出的 Lexical Semantic Analysis(LexSA)[77]。LexSA 将短文本理解系统化为分词、词性标注和概念识别三个步骤，并在每个步骤使用新的模型消除歧义。在分词和词性标注环节，作者分别使用图模型推出短文本的最优分词方式和词的词性；在概念识别环节，每个词被表示成以概念为维度的向量。为了进一步强调 LexSA 中各环节的相互作用关系，Wang 等[172]提出为短

文本构建统一的候选词关系图，并使用随机游走（Random Walk）的方法
推出最优的分词、词性和词的概念。

1.2.2　短文本理解模型粒度分析

从另一个角度而言，短文本理解模型在文本分析上的粒度也有差
异。部分方法直接模拟短文本的表示方式，因此本节将其归为"文本"粒
度。其余大多数方法则以词为基础，这些方法首先推出每个词的表示，
然后使用额外的合成方式推出短文本的表示。本节将这些方法归为"词"
粒度。本节将深入讨论 1.2.1 节中的短文本理解模型在文本分析粒度上
的差异，并从应用层面论证方法的适用性。

1. 文本粒度模型

首先，文本粒度的模型包含 LSA 模型、LDA 模型和 PV。这些模型
均尝试直接推导出短文本的向量表示作为模型的输出。在 LSA 模型中，
通过构建一个词与文本的共现矩阵，每个文本可用以词为维度的向量表
示。作为结果，可得到每个文本的主题分布。PV 通过神经网络推测（in-
ference)的方式获取文本向量的最优参数。上述模型所得的文本向量均
可以直接用于与这些文本相关的任务，如文本分类[139,154]、聚类[173]和摘
要生成[64]。值得注意的是，LSA 模型同时输出词向量。因而在短文本
数量不足的情况下，可以先采用基于大量完整文本的 LSA 模型获取词
向量，再通过额外的合成方法获取短文本向量。对于 LDA 模型和 PV
而言，其模型亦可以通过额外的文本训练，然后应用于短文本。

2. 词粒度模型

同 LSA 模型、LDA 模型和 PV 相比，其他模型（NLM、ESA 模型
等)均属于词粒度模型，因为这些模型的产出仅为词向量。针对短文本
理解这一任务，必须使用额外的合成手段来推出短文本的表示。例如，
在参考文献[59,26,71]等工作中，作者均利用词向量推导出文本表示，并用
于后续的文本相似度判断、文本复述、情感分析等任务。这里的一个特

例为概念化模型，由于概念化可以直接基于语境推出短文本中每个词的概念，这样的输出方式已经可以满足机器短文本理解的需求。因而概念化虽属于词粒度的模型但并不需要额外的文本合成。

3. 文本合成

如何通过词向量获取任意长度的文本向量（包括短文本）是时下流行的一个研究领域。根据复杂度的不同，文本合成方法可被大致分为代数运算模型[159,59,26,116,63]、张量模型[43,34,84]和神经网络模型[114,145,148,85,91]。

代数运算模型：最早的合成模型由 Mitchell 和 Lapata[116] 提出。其模型使用逐点的（point-wise）向量相加的方式从词向量推出文本向量。虽然这一基于"词袋"的方法忽略了句子中的词序（"cat eats fish"和"fish eats cat"将有相同的表示），但事实表明其在很多自然语言处理任务上有着不错的效果，且其常常被用作复杂模型的基准[26]。类似的代数运算模型还有逐点的向量乘积[159,59,26]以及乘法与加法的结合运算[63]。

张量模型：张量模型[43,34]为代数运算模型的延伸，其试图强调不同词性的词在语义合成中的不同角色。例如在 red car 这个词组中，形容词 red 对名词 car 起修饰作用。而在 eat apple 中，动词 eat 的角色好比作用于 apple 的函数。从这个角度而言，将不同词性的词均表示为同等维度的向量过于简化。因而，在张量模型中不同词性的词被表示为不同维度的张量，整个句子的表示方式以张量乘法的形式获取。目前，张量模型的最大挑战是如何获取向量与张量的映射关系[84]。

神经网络模型：时下最为流行的文本合成模型为基于神经网络的模型，如 Recursive Neural Network（RecNN）[145,148]、Recurrent Neural Network（RNN）[114]、Convolutional Neural Network（CNN）[85,91]等。在这些模型中，最基本的合成单元为神经网络。通常的形式为神经网络根据输入向量 x_1、x_2 推出其组合向量 y：

$$y = f(W[x_1 : x_2] + b)$$

在上式中 W 和 b 为神经网络参数，$[x_1 : x_2]$ 为两个输入向量相连，f 为非线性转换。

在具体的文本合成中，不同的神经网络模型的构造不同。例如，

RecNN 依赖于语法树开展逐层的语义合成，它无法被用于短文本。相比之下，RNN(序列合成)和 CNN(卷积合成)都可以通过词向量快速推导出短文本向量。

1.3   短文本理解框架

针对上述研究问题与研究现状，本书将围绕短文本理解的各项需求及挑战，重点介绍显性模型中基于概念化模型进行短文本理解中的关键性技术，如图 1-6 所示。

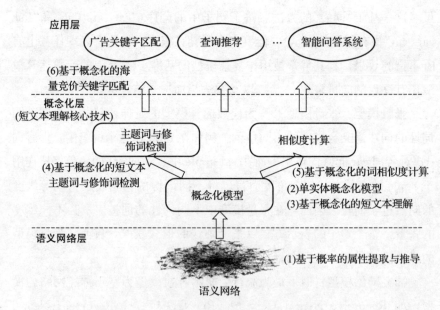

图 1-6   基于概念化的短文本理解研究框架

在语义网络层，主要是构建理解短文本所需要的额外知识源，即知识库系统或者语义网络。知识库包含概念、实体、属性和关系，当关系足够丰富时，便构成了语义网络，它在许多应用中的作用日渐突出。其中，知识库中的概念和实体关系已经有较为充分的研究，因此本书主要介绍基于概率的属性提取与推导，从而完善整个语义网络，以支持其上的模型构建。

在概念化层，本书首先介绍利用语义网络构建单实体概念化模型。提出一种基于典型性和点互信息（PMI）的基本层次概念化（Basic-level Conceptualization，BLC）方法，将单实体映射到一组最能刻画这个实体各种特征的概念上，并附着于概率值，以支持短文本概念化。基于概念化的短文本理解的目标是把短文本（如搜索引擎中的查询关键字）所包含的实体映射到语义网络中的概念上。其中需要解决的核心问题是利用短文本中有限的上下文对词义进行消歧。利用动词、形容词、实体及其属性，首先从大量的网络语料中挖掘出它们的各种关系。再利用这些挖掘得到的知识，提出一个整体概念化模型，使用基于随机游走的迭代算法将查询中的词语概念化。

利用上述两个针对单实体以及短文本的模型，可以进一步解决基于概念化的短文本主题词与修饰词检测。在短文本理解中，主题词与修饰词的检测是一个非常重要的问题。然而在许多情况下，短文本（如搜索引擎中的查询关键字等）并不遵守语法规则。现有方法通常基于粗粒度、领域相关，以及需要大量训练数据。本书将介绍一种基于语义的短文本主题词与修饰词检测方法。此方法首先从搜索日志中获取大量实体级别的"主题词-修饰词"对，然后通过概念化模型将这些实体对归纳至概念级别，最后通过这些精细且精确的带权重的概念模式来进行主题词与修饰词的检测。

此外，单实体概念化模型也能够帮助解决基于概念化的词相似度计算。计算两个词之间的相似度对很多文本分析理解相关的应用至关重要。目前，这一任务主要有两种解决方法：基于知识的方法和基于文集的方法。然而，这些方法主要应用在单词之间的语义相似度计算，无法扩展到多个单词组成的多词表达式或文本。针对此问题，本书将介绍一种基于语义网络的词相似度计算方法。该语义网络基于十亿级的网页文本创建，包含百万级的概念。本书首先阐述如何将两个词映射到概念空间，进而介绍一种概念聚类的方法以提高相似度度量的准确性。

在应用层，利用概念化层所构建的各个模型，可以有效应用在不同的任务中，如广告关键字匹配、搜索排序、查询推荐、短文本聚类、智能问答系统、Web 表格理解等。本书选取搜索广告应用场景，展示了一种基于概念化的海量竞价关键字匹配技术。搜索广告是搜索引擎的主要收入来源。广告商以关键字对他们的广告竞价，而搜索引擎在竞价关键字基础上通过匹配用户查询进行相关广告推送。由于查询和竞价关键字都是短文本并且不能由标准的词袋（bag-of-words）方法建模，大部分现有方法是利用用户行为数据（例如点击数据、会话数据等）去填补在匹配竞价关键字与用户查询上的语义差距。然而这种方法却不能处理没有很多用户行为数据的长尾查询。尽管它特殊罕见，长尾查询整体上却占据相当大的查询量，并且是搜索引擎收入的一个重要来源。本书将介绍一种匹配查询和竞价关键字的新方法。利用概率分类和大型同现网络，把短文本概念化成一组相关概念。为了处理大量查询和海量关键字，创建概念的语义索引：通过测量它们在概率空间的相似度，对于给定的查询选择相关的竞价关键字。

第2章

基于概率的属性提取与推导

知识库包含概念、实体、属性和关系，它在许多应用中的作用日渐突出。本章强调（概念和实体的）属性知识对推测的重要性，并提出一种为百万级的概念推导出属性的方法。该方法将属性和概念的关系量化为典型性（typicality），使用多个数据源来聚合计算这些典型度得分，这些数据源包括网页文本、搜索记录和现有的知识库。该方法创新性地将基于概念和实体的模式融合计算典型度得分，大量的实验证明了该方法的可行性。

2.1 引言

创建概念、实体和属性的知识库的目的在于赋予机器像人类一样的推测能力。在推理这个任务中，输入数据往往稀疏、噪点大且包含歧义。人类能很好地理解这样的文本是因为人类具备抽象的先验知识。类似的，知识库旨在为机器提供这样的先验知识，从而使其能够调用知识来完成思考判断。可见，知识库是实现人工智能必不可少的元素。

一个知识库包含一系列的概念、实体和属性的关系。在这些关系中，如下三类尤为重要：

- isA：子概念和概念的关系（如 IT company isA company）。
- isInstanceOf：实体和概念的关系（如 Microsoft isInstanceOf company）。
- isPropertyOf：属性和概念的关系（如 color isPropertyOf wine）。

本章强调属性和概念的关系（isPropertyOf）对基于知识的推测尤其重要。然而，为了完成推断，机器不仅仅需要了解概念的属性，还需要知道每个属性的典型性。本章将重点介绍一种自动获取属性并为其打分的方法。该方法的产出为一个大型的数据库，如表 2-1 所示，整个数据库包含百万级的概念、属性以及属性的得分。这些分数对推测尤为重要，它们被定义为如下的典型度得分。

- $P(c \mid a)$ 表示概念 c 在属性 a 上的典型度。
- $P(a \mid c)$ 表示属性 a 在概念 c 上的典型度。

表 2-1 概念、属性和典型度得分

概　　念	属　　性	$P(c|a)$	$P(a|c)$
company	name	0.0401	0.0846
	operating profit	0.9658	0.0218
	...		
country	people	0.5760	0.0694
	population	0.2870	0.0436
	...		
...	...	...	...

如表 2-1 所示，company 不是 name 的典型概念，因为很多别的概念都有 name 这个属性。相比之下，company 更像是 operating profit 的典型概念。这些典型性被量化为表中的得分：

$$P(\text{company}|\text{operating profit}) > P(\text{company}|\text{name}) \qquad (2.1)$$

从另一个角度而言，当人们谈论一个 company 时，更倾向于被提到的是它的 name，而不是 operating profit，因此：

$$P(\text{operating profit}|\text{company}) < P(\text{name}|\text{company}) \qquad (2.2)$$

如表 2-1 所示，式(2.2)中两项的典型度得分差异为 0.06，远小于式(2.1)中两项的典型度得分差异 0.9，这与人类的认知一致。

至此，本章阐述了概念、属性和典型度得分对基于知识推测的重要性。直观地，给出短文本"capital city，population"，人们会联想到 country。给出"color，body，smell"，人们则会联想到 wine。然而在大多数情况下，属性和概念的关联并不那么直观。以图 2-1 为例，假设在网页上看到该图，人们能否很容易地推测出这张表格的标题？

根据单一属性，如 website，人类无法准确推测图表含义。然而，如图 2-1 所示，当系统看到更多属性时，它所推测到的候选概念将减少。当图表呈现出 6 个或 7 个属性时，系统能够以较高的置信度获取正确的概念。而典型度得分 $P(c\mid a)$ 和 $P(a\mid c)$ 在这一过程中扮演着十分重要的角色。

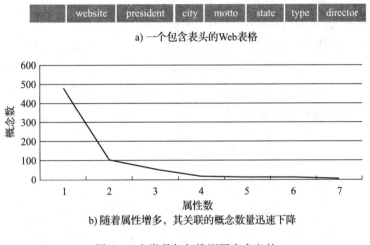

a) 一个包含表头的Web表格

b) 随着属性增多，其关联的概念数量迅速下降

图 2-1　人类是如何推测图表含义的

下面是另外一个例子。

The Coolpix P7100 is announced. The powerful lens with 7.1x zoom offers high resolution(10MP)images.

假设读者不知道 Coolpix P7100 为一款相机，他是否能够根据语境推测到其讲述的是相机呢？也许可以。那么具有知识库的机器能否完成相同的推测呢？假设通过自然语言处理技术，lens、zoom、resolution 都被标注为知识库中的属性词，且只有 camera 和 smart phone 包含这些属性。那么，机器只需了解概率 $P(\text{camera}\mid\text{lens};\text{zoom};\text{resolution})$ 大于 $P(\text{smart phone}\mid\text{lens};\text{zoom};\text{resolution})$，便可成功完成推测。换言之，机器需要知道 camera 是上述属性更加典型的概念。

通过典型度得分，机器很容易便可完成上述推测。典型度得分的目的在于为属性寻找最可能的概念。更具体地说，需要找到概念 $\hat{c}$，使其满足

$$\hat{c}=\arg\max_{c}P(c\mid A)$$

其中 $A=(\text{lens, zoom, resolution})$，为一系列属性。$P(c\mid A)$ 可以用朴素贝叶斯模型得到：

$$P(c\mid A)=\frac{P(A\mid c)P(c)}{P(A)}\propto P(c)\cdot\prod_{a\in A}P(a\mid c)$$

至此，该问题被转化为寻找一系列的典型度得分 $P(c\mid a)$。

为支持上述的机器推测问题，本章将专注于如下两个任务：获取属性和为属性打分。这些任务在概率知识库 Probase[166,153] 上完成。该知识库包含了大量的概念、实体和 isA 关系。本章的方法有如下贡献：

- **该方法创新性地为属性获取典型度得分**。本章将论证带有典型度得分的概念和属性对很多实际应用意义重大。在这项工作中，典型度得分被诠释为两个方面：频率（frequency）和家族相似度（family resemblance），它们将被表示为概率得分。

- **该方法在获取属性的时候能够处理歧义**。消歧是一项很大的挑战，且在过往的属性提取方法中很少被强调。例如，当机器试图获取 wine 的属性时，它会错误地将短文"the mayor of Bordeaux"中的"mayor"标注为 wine 的属性。事实上，Bordeaux 一词包含歧义，它不仅是酒的名字，还指法国西南的一个小城市。本章的工作针对基于实体的属性提取中的歧义，改进基于概念的属性提取方法，使其不受歧义的影响。

- **该方法从多个来源获取数据，并使用一种新的排序方法合并这些不同来源的数据**。每个数据源和方法都有其独特特征。例如，name 这个属性可能会被基于概念的属性提取方法识别，但不能通过基于实体的方法获取。biography 这个属性则恰恰相反。因

而，通过使用不同的方法和数据源有助于得到更加全面的属性信息，并帮助解决歧义、噪声、偏见和覆盖率的局限性。本章将对通过不同数据源提取到的属性进行比较，并提出一种新的排序算法来合并这些属性提取的结果。在这一问题上，现有的方法使用了回归[47]来聚合结果，但需要人为评估确定某些数值。而新提出的排序算法没有这一需求。

本章结构如下：2.2 节介绍为百万级概念获取属性的方法；2.3 节阐述为属性标记权重、聚合权重的方法；本章相关工作的讨论和结论将分别在 2.4 节和 2.5 节给出。

2.2　属性提取

本节介绍基于知识的属性提取的方法，该方法可从多数据源提取（概念，属性）对。为（概念，属性）对打分的方法将在 2.3 节给出。

2.2.1　属性提取的整体框架

如图 2-2 所示，本章的属性提取方法基于概率数据库 Probase，并从三种数据源获取数据。2.2.2 节将介绍 Probase 的具体信息，该方法侧重的数据类型为网站数据、搜索数据和各种结构数据，表 2-2 总结了这些数据类型。网站数据包括 240TB 的网页文本，搜索数据包含 6 个月内搜索频率大于 2 的搜索查询语句，结构数据为 DBpedia[1]中获取的（实体，属性）对。

本章涉及的属性提取方法包含两类：基于概念的方法和基于实体的方法。前者可直接获取概念的属性，而后者需先获取同一概念内实体的属性，然后再聚合这些实体的属性以获取概念的属性。两种属性提取的方法都将被应用于网站数据。对于搜索数据和结构化数据（DB-pedia），只有基于实体的属性提取方法可用。属性提取方法的细节将在 2.2.3 节给出。通过不同方法和数据源提取的属性不完全重叠，因而可以互补。

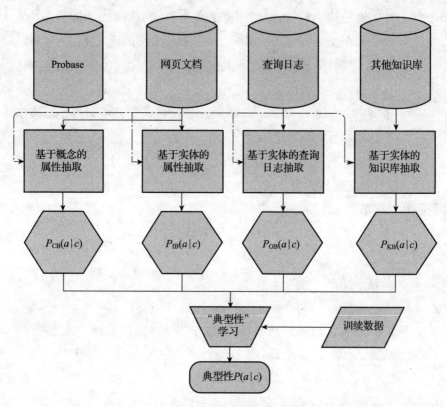

图 2-2　属性提取的整体框架

表 2-2　三种数据来源总结

	网页文档	Bing(必应)查询日志	DBpedia
大小	巨大(240TB)	大(9GB)	相对较小(64.3MB)
结构	无结构,但包含句法	无结构,且无句法	结构的
方法	基于概念的方法	基于实体的方法	基于实体的方法
抽取时间	38.33 小时	115.33 分钟	

2.2.2　概率 isA 网络

本章工作使用概率知识库 Probase[166] 来辅助属性提取。Probase 旨在建立一个包含人类思维所有概念的 isA 关系网络。isA 关系通过赫斯特语言模式(Hearst linguistic pattern)提取[69],即 SUCH AS 模式。例如，通过一个包含"…artists such as Pablo Picasso…"的句子可以获知 artist 是 Pablo Picasso 的一个上位词。

Probase 有两个特点。首先，它的覆盖范围很广，囊括了从十亿数量级的网页中获取的百万级概念和实体。它不仅包含诸如"country"和"city"的广义概念，还记录了类似"basic watercolor technique"和"famous wedding dress designer"这样的具体概念。因而，Probase 能很好地诠释人的沟通。Probase 的另一个特点是它是一个概率性知识库。它包含每对（概念，子概念）或（概念，实体）的共现次数。这些共现信息方便于 isA 关系中典型度得分的计算。例如：

$$P(\text{instance} \mid \text{concept}) = \frac{n(\text{instance}, \text{concept})}{\sum_{\text{instance}} n(\text{instance}, \text{concept})} \qquad (2.3)$$

其中 instance 表示 isA 关系中的实体，concept 表示概念。n(instance, concept)表示概念(concept)和实体(instance)的共现次数。典型度得分对短文的理解十分重要。

2.2.3 基于概念和基于实体的属性提取

本节将重点介绍基于概念和基于实体的属性提取方法，数据来源为网站数据、搜索数据和已有知识库，两种属性提取方法的结果将被比较。本节还将介绍一种可以提高属性提取质量的过滤方式。

1. 网页文本的属性提取

很多信息提取方法侧重于迭代寻找符合要求的语法模式。然而，这些方法的一个不足之处在于高质量的语法模式很少，大多数模式都存在噪声。因此，本章所采用的方法侧重于如下高质量的语法模式以尽可能准确地处理文本（提高准确率），并且从大量网页文本中获取属性（提高召回率）：

- 基于概念的属性（简称 CB）提取的语法模式：

$$\text{the} <a> \text{of}(\text{the/a/an}) <c> [\text{is}] \qquad (2.4)$$

- 基于实体的属性（简称 IB）提取的语法模式：

$$\text{the}<a>\text{of}(\text{the/a/an})<i>[\text{is}] \tag{2.5}$$

这里，$<a>$ 为希望获取的目标属性，$<c>$ 为希望获取的目标概念，$<i>$ 为希望获取的目标实体。$<c>$ 和 $<i>$ 都可以通过 Probase 的语义网络获取。例如，假设目标概念 $<c>=$ wine，通过句子"…the acidity of a wine is an essential component of the wine…"可获知 $<a>=$ acidity 为 wine 的一个候选属性。更进一步，通过句子"the taste of Bordeaux is …"可获知 $<a>=$ taste 为"Bordeaux"的一个属性。通过 Probase，机器了解到"Bordeaux"为 wine 这个概念的一个实体，因为获知 $<a>=$ taste 也是 wine 的一个候选属性。

网页文本的特征提取结果是一系列(概念，属性)对的集合。在此基础上的另一项任务是为每对关系标注权重。假设 CB 的结果 (c,a) 和 IB 的结果 (i,a) 被表示为元组 $(c,a,n(c,a))$ 和 $(i,a,n(i,a))$，其中 $n(c,a)$ 为 $<c>$ 和 $<a>$ 的共现次数，$n(i,a)$ 为 $<i>$ 和 $<a>$ 的共现次数，这些元组可被用来计算典型度得分。

由于需要从大量网页中获取属性，所以现有的基于词性标注的模式挖掘方法无法使用。取而代之，本章的方法采用之前提到的模式轻量提取。据以往研究表明[6]，基于"is"的提取可以产生较高质量的结果，同时不需要词性标注。在提取过程中的另外一项挑战是冠词"the/a/an"的使用。对于 CB 模式，冠词的使用对过滤概念自身描述必不可少(比如"the definition of wine"或"the plural form of country")。对于 IB 模式，冠词可被有选择地使用，并且取决于实体 $<i>$ 是否为命名实体(例如 Microsoft 为命名实体，而 software company 不是)。为区别这两种情况，本章的方法将把所有以大写字母开头的实体当成命名实体，可以不需要冠词。其余情况下的实体抽取则需要依靠冠词进行确认。

2. 外部知识库的属性(简称 KB)提取

属性提取还从已存在的知识库进行。这项工作使用基于 Wikipedia 中结构信息的 DBpedia。DBpedia 没有基于概念的属性，因此，基于实体的属性提取方法被使用。根据 DBpedia 的实体页(由属性描述)，一系列的 (i,a) 对可被获取。然而，DBpedia 不包含可推出属性典型性的任何信息，因此，所有的(i, a)不做区分设定：$n(i, a)=1$，遂可生成一系列的$(i, a, n(i, a))$元组。尽管$n(i, a)=1$，但由于同一概念内的实体含有不同属性，我们仍可按先前方法计算概念-属性的典型度得分。

3. 搜索日志的属性(简称 QB)提取

为使用基于实体的方法从搜索日志中提取属性，一项先前研究中的方法[126]被采用以提取尽可能多的元组。在搜索日志中基于概念的提取方法亦不能工作，这是由于人们在搜索时往往对具体的实体更感兴趣。在方法的第一阶段，候选的实体-属性关系对(i, a)被从搜索日志中以"the$<a>$of(the/a/an)$<i>$"的模式提取，以A_{QB}表示。接下来将候选集合拓展为A_{IU}，使其包含通过 IB 和 KB 获取的属性(分别以A_{IB}和A_{KB}表示)：

$$A_{IU}=A_{IB}\bigcup A_{KB}\bigcup A_{QB} \tag{2.6}$$

在第二阶段，搜索日志中每对(i, a)中的i和a的共现次数$n(i, a)$被统计，以生成$(i, a, n(i, a))$元组集合。这个集合会按照先前提出的方式处理。

4. 属性分布

下面将比较 CB 和 IB 获取的属性的差异。图 2-3 对比了二者在 state 这个概念上的属性分布差异。举例而言，name 这个属性在 CB 模式下被频繁观察，比如会出现"the name of a state is⋯"。然而人们不会在某个具体的 state 上提到 name 这个属性，比如不会出现"the name of Washington is⋯"。根据比较，CB 和 IB 两种模式的提取是互补的。

CB 属性的优点在于可以直接将属性绑定至概念，如通过"the population of a state"，机器可以自行将 population 这个属性绑定至 state 这个概念下。相比之下，IB 模式"the population of Washington"对机器识别而言则颇具挑战性，因为 Washington 可能属于不同的概念，比如 state 或 president。

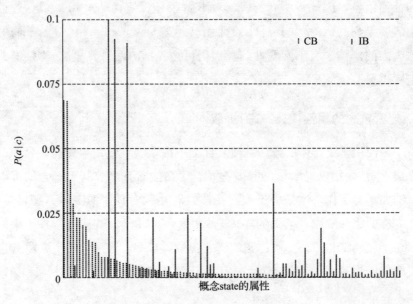

图 2-3 网页文本 CB 和 IB 的属性分布

然而，IB 模式更容易提取高质量的属性。例如，虽然"the population of a state"这个模式不常被观测到，但是当把 state 替换为某一具体实体时，则可以收集到足够的模式，如"the population of Washington"。这表明 IB 模式可以通过大量统计信息获取高质量属性，与 CB 模式互补。

5. 模式提取的过滤

这一部分将介绍通过过滤来提高属性质量的方法。首先将收集到的模式语句分成下述三类：

- C1：The CEO of Microsoft is …——属性
- C2：The rest of China has been …——修饰表达式
- C3：The University of Chicago is …——包含 of 的名词短语

在这三类结果中，C2 和 C3 会产生含噪声的结果，过滤规则将分别对这两类模式的结果进行设计。

C2——错误列表过滤。为了解决 C2 中的问题，一个"黑名单"被人为创建。名单中包括可以绑定到任何概念的属性，比如：

- The lack of vitamin A is...
- The rest of the country was in...
- The best of The Simpsons is...

由于单词 lack、rest 和 best 并没有描述后面出现的概念，所以它们不能被当成概念的属性。若不被过滤，这些噪点属性将会错误地给出较大的 $P(a \mid c)$。

为了过滤掉这些噪点属性，我们需要确定那些在很多并不相近的概念中都被观察到的属性。为此，49 个不相近的概念被人为选取。对于一个属性，其所涉及的概念数目将被统计。表 2-3 给出了统计的排序结果。然而，这样得到的"黑名单"中会错误地包含那些确实对很多概念都适用的属性，比如 name。为了进一步地将这些属性从"黑名单"中去除，属性的得分也将被考虑。高得分的属性被从"黑名单"中去除。具体的属性打分方式将在 2.3 节给出。

表 2-3 "黑名单"中的前几位

属　　性	概　　念	属　　性	概　　念
meaning	35	best	27
definition	33	nature	26
importance	32	plural	26
rest	27	work	26

C3——包含 of 的命名实体。为了解决 C3 中的问题，与命名实体相关的 of 从句被过滤掉，比如"the University of Chicago"、"the Bank of China"、"the People's Republic of China"。作为过滤条件，首先被考虑的是首字母大写的实体。然后，通过参照数据库过滤掉 of 从句。例如，"the University of Chicago"是 Probase 中的一个实体，因而不应该将 university 当成 city 这个概念的属性。这种方法可以处理不区分大小写的文本，比如微博。

2.3　属性得分推导

本节首先直观地讨论属性的打分原则，进而介绍如何处理 CB 和 IB

列表以完成对属性的打分，最后讨论如何聚合不同数据源的属性得分。

2.3.1 典型度得分

这项工作的目的在于计算属性-概念对的 $P(a \mid c)$ 数值。这个概率分数对机器推测有很大作用。

这个概率分数被定义为典型度（typicality）。在认知学和心理学上[104]，典型度被用来研究为什么某些实体因为某个概念而被人类特别提起。例如，dog 为 pet 的典型实体，因为它被频繁地当成 pet 提及，而且它与其他的 pet 实体具有很高的外形相似度[164]。同理，上述直觉可被用来研究属性的典型度。

如果属性 a 为概念 c 的典型属性，它应满足两个原则：

- a 与 c 常常共同出现（频率）。
- a 在 c 的实体的属性中很常见（家族相似度）。

根据上述直觉，population 是 country 的一个典型属性，因为二者在 CB 和 IB 列表中被频繁观测。更进一步，这是由于大多数 country 的实体，比如 China 和 Germany，都有 population 这个属性。

上述论证证实了使用 CB 和 IB 量化 $P(a \mid c)$ 的意义。二者都考虑了频率原则并且 IB 还考虑了家族相似度原则。相比之下，大多现有工作没有考虑这两项原则或只考虑了其中一项，如，参考文献[126，82，124，160]只考虑了频率；参考文献[125]只考虑了家族相似度；参考文献[122，138]没有考虑任何原则，而是使用属性的语境相似度。

下面将讲述如何从 CB 列表中将频率实体化，以及如何从 IB 列表中将频率和家族相似度实体化。

2.3.2 根据 CB 列表计算典型度

回顾一下，CB 列表的格式为 $(c, a, n(c, a))$。按概念 c 为列表分组，可得到概念 c 的一系列属性 a，以及它们的频率分布。给出这些信息，典型度得分 $P(a \mid c)$ 可被计算为：

$$P(a \mid c) = \frac{n(c,a)}{\sum\limits_{a^* \in c} n(c,a^*)} \tag{2.7}$$

2.3.3　根据 IB 列表计算典型度

下面阐述根据 IB 列表$(i, a, n(i, a))$计算典型度的方法。如前文所述，三组 IB 列表分别从网页文本、搜索日志和知识库中获取。这三组列表的质量在不同的概念c上有差异。因而，本章方法分别计算三组列表的典型度得分，然后将三组得分同 CB 列表的得分聚合。

为将 IB 模式联系到概念上，$P(a \mid c)$被展开为：

$$P(a \mid c) = \sum_{i \in c} P(a, i \mid c) = \sum_{i \in c} P(a \mid i, c) P(i \mid c) \tag{2.8}$$

基于这项展开式，任务被转化为计算$P(a \mid i, c)$和$P(i \mid c)$。举例而言，考虑 IB 模式"the age of George Washington"，如果机器知道"George Washington"是概念 president 的实体，那么这句话可以被用来计算属性 age 和概念 president 之间的典型度得分。在上式中，$P(a \mid i, c)$可将 age 和 president 间的典型度量化，而$P(i \mid c)$表示实体"George Washington"对概念 president 的代表性。

通过 Probase 计算 $P(a \mid i, c)$ 和 $P(i \mid c)$：$P(a \mid i, c)$和$P(i \mid c)$可以基于 Probase 计算。Probase 记录着"George Washington"对概念 president 的代表性。为方便表达，下面假设一个实体只属于一个概念，后文将讨论去除该假设的情况。

首先计算$P(a \mid i, c)$。在$P(a \mid i, c) = P(a \mid i)$的假设下，$P(a \mid i, c)$可被计算为：

$$P(a \mid i, c) = P(a \mid i) = \frac{n(i,a)}{\sum\limits_{a^* \in i} n(i,a^*)} \tag{2.9}$$

接下来计算$P(i \mid c)$。$P(i \mid c)$可被转化为：

$$P(i \mid c) = \frac{P(c \mid i) P(i)}{\sum\limits_{i^* \in c} P(c \mid i^*) P(i^*)} \tag{2.10}$$

因此，这一任务被转化为从 Probase 获取$P(c \mid i)$。在先前的简化假设下，$P(c \mid i)$表示概念c对某一实体i的代表性。在 Probase 中如果这对概念和实体被观测到，则 $P(c \mid i)=1$，否则 $P(c \mid i)=0$。

在实际情况中，一个实体可能属于多个概念，从而衍生出如下两种情况：

[C1]有歧义的实体与不同的概念相关："Washington"可能表示 president 或 state，而这两个概念的典型属性很不相同。简单的计算方式会导致将 population 错误地鉴别为概念 president 的典型属性。

[C2]无歧义的实体与相同的概念相关：即使某一实体没有歧义，它也有可能出现在不同的语境中。例如，"George Washington"可能代表一个总统（president）、爱国者（patriot）或历史人物（historical figure）。属于不同概念的有歧义实体计算出的 $P(i \mid c)$ 理论上应比属于相似概念的无歧义实体计算出的值低。简单的计算不能考虑概念间的相似性。

基于上述分析，我们的任务是无偏见地估算 $P(a \mid i, c)$ 和 $P(c \mid i)$ 的值。

$P(a \mid i, c)$ 和 $P(c \mid i)$ 无偏见化：下面介绍如何无偏见化 $P(a \mid i, c)$ 和 $P(c \mid i)$，以解决 C1 和 C2 两种情况。

首先计算 $P(a \mid i, c)$，如果实体i有歧义，一个从别的概念中获取的更高 $n(i, a)$ 值不应被考虑。例如，虽然 population 与 Washington 常常共现，在 state name 语境下，population 不应被考虑成 president 的属性。因此，相交率（Join Ratio，JR）这个概念被使用来表示属性a与概念c相关的可能性。

$$JR(a,c) = \frac{JC(a,c)}{\max_{a^* \in c} JC(a^*,c)} \tag{2.11}$$

其中 $JC(a, c)$ 被定义为概念c中的实体含有属性a的次数，这将a的家族相似度量化。通过观察，population 之于 president 的 JR 得分接近 0。这是由于概念 president 中的大多实体，如"George Bush"，都没有 population 这个属性。

基于这个观念，式(2.9)可被去偏见化：

$$P(a \mid i,c) = \frac{n(i,a,c)}{\sum_{a^*} n(i,a^*,c)} \tag{2.12}$$

其中 $n(i, a, c) = n(i, a)JR(a, c)$。

接下来计算 $P(c \mid i)$。考虑一个实体属于多个概念的情况，如 C2，$P(c \mid i)$ 可通过 Probase 中的频率统计 $n_p(c, i)$ 计算：

$$P(c \mid i) = \frac{n_p(c, i)}{\sum_{c^*} n_p(c^*, i)} \tag{2.13}$$

然而，使用上述公式不能很好地区分 C1 和 C2。因而，我们通过计算两个概念 c 和 c^* 之间的相似性来降低那些从不相似概念中获取的频率的权重。这一相似性可通过 Probase，使用两个实体集的 Jaccard 相似分数来计算。通过这一取值为 0～1 的相似分数 $\text{sim}(c, c')$，$P(c \mid i)$ 可被计算为：

$$P(c \mid i) = \frac{n_u(c, i)}{\sum_{c^*} n_u(c', i)} \tag{2.14}$$

其中 $n_u(c, i) = \sum_{c'} n_p(c', i) \text{sim}(c, c')$。这样一来，不仅歧义问题得以处理，频率和家族相似度两项典型度原则也得以反映。

表 2-4 对比了式(2.13)和式(2.14)得出的 $P(i \mid c)$。去偏见化前，有歧义实体的 $P(i \mid c)$ 被过高估计，比如"Washington"。去偏见化后，其数值明显降低。相比之下，实体"Bush"虽与两个总统相关，但都对应 president 这个概念，因而应在 president 这个概念上得到较高得分。通过观察，去偏见化的结果符合这一原则，比如说"George Washington"和"Bush"的 $P(i \mid c)$ 分数都比"Washington"的要高。

表 2-4 式(2.13)和式(2.14)中的 $P(i \mid c)$

实体名	式(2.13)	式(2.14)
George Washington	0.0178	0.0060
Washington	0.2452	0.0059
Bush	0.0313	0.0230

表 2-5 描述了去偏见化是如何改进 president 这个概念的属性典型度排名的。表中所列的不属于 president 的属性在排名上都有不同程度的降低。这是由于在去偏见化前，"Washington"的 $P(i \mid c)$ 被高估，但其还可能属于 state 这个概念，这会导致与 state 相关的属性在 president 上也获得较高得分。

表 2-5　**President 概念下两种方法获取的属性排名的比较**

属　　性	原生方法	去偏见化方法
Mayor	53	137
Citizens	20	43
Population	9	15
County	17	39
Streets	24	105

2.3.4　典型度聚合

本节前面部分讨论了如何从 CB 网页文本列表中计算 $P(a \mid c)$，以及如何从 IB 的三个列表（网页文本、搜索日志和知识库）中计算该值。我们将这四个得分分别标记为 $P_{CB}(a \mid c)$、$P_{IB}(a \mid c)$、$P_{QB}(a \mid c)$ 和 $P_{KB}(a \mid c)$。

要聚合这些得分并不是一项简单的工作，不同的分数来源对不同的概念有着互补的优势。对于包含很多有歧义的实体的概念，IB 获取的得分置信度较低。比如，概念 wine 中的很多实体具有歧义，像"Bordeaux"和"Champagne"可以表示 city 的名字，从而具有 city 相关的属性，如 mayor。在此例中，IB 获取的得分置信度较低。然而在其他情况下，当概念可被扩展为大量无歧义的实体时，IB 给出的得分则十分可靠。

这些观察表明单数据源不可能为所有概念给出可靠的得分，因而应将不同来源的得分聚合。我们希望算法能够基于概念特征自动为得分调整权重，从而为所有的概念给出可靠的得分。同现有的方法不同，这一新的算法框架可被应用于大量概念之上。

更为正式地，$P(a \mid c)$ 的计算可被转化为：

$$P(a \mid c) = w_{CB}P_{CB}(a \mid c) + w_{IB}P_{IB}(a \mid c)$$
$$+ w_{QB}P_{QB}(a \mid c) + w_{KB}P_{KB}(a \mid c) \qquad (2.15)$$

目标被转化为学习某一概念的相关权重。

这项任务采用线性核函数的 Ranking SVM 方法。该方法为一种常见的 Pairwise 排序算法，同回归算法相比，其优势在于训练数据不需要具备准确的典型度得分标签。这符合问题的需求：虽然不能得到某一属性（比如 population）的绝对得分，但可以陈述 population 比 picture 更典型这一事实。通过收集这样的成对比较数据作为训练数据，式（2.15）中的权重可被训练得到。

更为正式地阐述，来源 M 的权重 w_M 为 f_M^i 的线性组合，其中特征为实体 i 的歧义度或模式的统计显著性。

- f_M^1(avg Mod Bridging Score：Bridging Score[121]通过实体是否属于不同概念来度量它的歧义度。

$$\mathrm{BridgingScore}(i) = \sum_{c1} \sum_{c2} P(c_1|i) P(c_2|i) \mathrm{sim}(c_1, c_2)$$

(2.16)

  直观上说，这一分数在包含歧义的实体上较低，如"Washington"。实验表明，Bridging Score 的一种变换 Mod Bridging Score 更为有效。

- f_M^2(avg$P(c\,|\,i)$)：当实体属于很多不同的概念时，$P(c\,|\,i)$ 的值较低，因而它也可以作为实体歧义度的度量。

- f_M^3($\sum$(frequency$_M(a)$)/$\sharp$Attribute$_M$)：当平均每属性的属性频率较低时，统计显著性较低。

- f_M^4($\sum$(frequency$_M(a)$)/$\sharp$Instance$_P$)：当平均每实体的属性频率较低时，统计显著性较低。

- f_M^5($\sharp$Attribute$_M$/$\sharp$Instance$_P$)：当概念中实体的平均属性数较低时，对该概念的特征提取有效性较低。

更为正式地，w_M 可被表示为五个特征的线性合并 $w_M = w_M^0 + \sum_k w_M^k f_M^k$。式（2.15）可被扩展为下式。

$$
\begin{aligned}
P(a|c) = & w_{\mathrm{CB}}^0 P_{\mathrm{CB}}(a|c) + \ldots + w_{\mathrm{CB}}^5 f_{\mathrm{CB}}^5 P_{\mathrm{CB}}(a|c) + \\
& w_{\mathrm{IB}}^0 P_{\mathrm{IB}}(a|c) + \ldots + w_{\mathrm{IB}}^5 f_{\mathrm{IB}}^5 P_{\mathrm{IB}}(a|c) + \\
& w_{\mathrm{QB}}^0 P_{\mathrm{QB}}(a|c) + \ldots + w_{\mathrm{QB}}^5 f_{\mathrm{QB}}^5 P_{\mathrm{QB}}(a|c) + \\
& w_{\mathrm{KB}}^0 P_{\mathrm{KB}}(a|c) + \ldots + w_{\mathrm{KB}}^5 f_{\mathrm{KB}}^5 P_{\mathrm{KB}}(a|c)
\end{aligned}
$$

(2.17)

可见，这是一系列元素的线性变换。线性核函数的 Ranking SVM 算法可被用来学习参数。同已有的方法不同，上面提出的方法不需要覆盖所有概念的训练数据。

2.3.5 同义属性集合

将概念和属性的关系量化后，我们得到一系列概念的属性。由于这些属性从网站获取，人们可能会使用不同的词来表示相同的含义，比如 mission 和 goal 都表示目的。因而，另一项重要工作为将同义属性分组。若不进行这项工作，相同意义的属性会被分散稀释。

本章方法借助 Wikipedia[100] 找寻同义属性，具体采用如下方式：

- Wikipedia 重定向：一些 Wikipedia 链接没有自己的页面，访问这些链接会被重定向到相同主题的其他文章。下文使用$x_i \rightarrow y_i$表示重定向。

- Wikipedia 内部链接：Wikepedia 的内部链接被表示为 [[Title | Surface Name]]。其中 Surface Name 为当前文本，Title 为链接到的网页。下文同样用$x_i \rightarrow y_i$表示链接关系。

使用这些关系对可以链接同义属性。所有相连的属性可被视作一个属性聚类。在一个聚类内，频率最高的属性被当作该属性聚类的代表属性。

2.4 相关研究

虽然概念的属性提取被广泛研究，现有的工作没有侧重于典型度得分和概念数量的扩展性。本章方法创新性地通过对属性典型度的严谨分析和多重数据来源，为大量的概念提取属性。

许多现有工作[122,138,33]依赖于种子属性来鉴别提取模式以获得较多属性。这些工作也尝试了从网页文本[33]、搜索日志[122]，以及包括网页表格、列表和 html 标签在内的结构化数据[138]中获取属性。然而，它们没有将多个来源的属性提取融合。

不依赖于种子属性的提取方法[125]通常只使用 IB 模式，从搜索日志和网页文本提取属性。然而，依赖于单一数据源的方法在某些概念上（如 wine 和 credit card）表现很差。

最新的一些方法[82,124]考虑了在属性提取中将多个数据源的结果合并。Pasca 等[124]使用搜索日志和查询会话来提取属性。参考文献[82]则合并了多个结构化的数据源，如网页表格、列表、DBpedia 和 Wikipedia。然而，这些方法没有涉及计算概率得分并将多数据源的得分聚合。

一些不包含打分的属性提取方法使用了词性标注[162]，基于随机游走的标签扩散[7]，通过网页图表改进实体模式[174]。相比之下，本章的方法用轻量级的模式提取代替了词性标注，从而解决了拓展性和数据稀疏问题。本章方法的另一显著特点在于从多数据源量化属性的典型度。

基于网页表格的方法[47]量化了属性的联合概率，可以给出相关属性。而本章方法的区别在于强调了实体的歧义性，从而得到健全的属性典型度得分。另一个区别在于本章方法采用 learning-to-rank 的手段来获取得分，从而避免了对人工标注的依赖。

非常依赖网页表格的方法[47,82]可提取带有数值的属性。然而大多属性不会被以数值描述，如 history of country。因此，这些方法不适用于提取大范围的典型属性。

2.5　小结

本章提出一个从多数据源提取属性并通过概率为属性打分的算法框架。同以往基于实体的方法不同，新的方法强调实体的歧义性，并与基于概念的模式聚合。这项工作创新地将两种模式结合在一起，并通过多重数据源获取属性，依靠 Pairwise 排序算法聚合属性得分。总而言之，本工作能得到严谨而实用的属性典型度得分，用以支持上层短文本理解推理。

第 3 章

单实体概念化模型

人类通过将对象映射到适当层次的类别中理解世界。这一过程往往是自动的、潜意识的，心理学家和语言学家将其称为 BLC(*基本层次概念化*)。然而，如何量化基本层次类别仍然是一个开放性问题。最近，很多研究工作致力于从 Web 规模的文本语料库中构建语义网络(如第 2 章所述)，使得推导 BLC 计算方法成为可能。本章介绍了一种基于典型性和 PMI 的 BLC 方法，通过与已有方法比较，理解这种方法的本质，并用大量的实验证明了其有效性。

3.1 引言

人类通过将对象映射到概念中理解世界。一个对象所属的概念能构成一组从最抽象的到最具体的有层级结构的类别[104]，并且不同层次的类别有不同的属性，反映了不同层次的抽象。

3.1.1 基本层次类别

人们通常把一个对象映射到适当的类别，并且认为这个对象与该类别中的其他对象等同。例如，一个人会说我有一栋房子、一辆车和一只狗，而不是我有资产、车辆和哺乳动物。同样，当有人看到 iPhone 6，最有可能想到 high end smartphone 或 Apple's product，而不是 item 或 popular cellular wireless network phone。对人类来说，这一分类过程常常是自动的、潜意识的，心理学家将这一过程称为 BLC(Basic-level Categorization 或 Basic-level Conceptualization，基本层次类别化或基本层次概念化)。

BLC 通过很少的认知就能提供丰富的信息[104]。当一个人获得了陌生对象的基本层次类别时，如果把对象与类别的已知属性关联起来，他几乎能完全理解这个对象。人类能通过很少的认知⊖做到这一点的事实，推动了研究者进一步了解 BLC。BLC 最重要的性质之一是由 Rosch[137] 提出的。表 3-1 总结了他们的发现，可看出在基本层次上类别内成员间的感知相似性(perceived similarity)最大，相反类别的感知相似性最小。因此，一个对象的基本层次类别通常位于该对象的分类层级结构中间。

表 3-1 类别层次间的差异

类别层次	信息量？	区分度？
高级层次	No	Yes
基本层次	Yes	Yes
下级层次	Yes	No

例如，考虑词汇 Microsoft，可以映射到很多概念中，如 company、large company、Redmond IT giant 等。仔细看看下面三个概念：

1）company

2）software company

3）largest OS vendor

第 1 个和第 3 个概念与 Microsoft 高度相关，当提到 Microsoft 会想到它是 company，当提到 largest OS vendor 会想到 Microsoft，但两者对 Microsoft 来说都不是合适的基本层次概念。为了说明这一点，假设想找一些与 Microsoft 相似的对象，在 company 的实体中，可能会发现

⊖ 有结果表明，三岁的孩子已经能完全掌握基本层次概念化。

一些与 Microsoft 没有太多相似性的对象，如 McDonald's 和 ExxonMobil。在 largest OS vendor 的实体中也未必能找到合理的对象（因为 Microsoft 有可能是其唯一包含的对象）。另一方面，在 software company 的实体中可能会发现与 Microsoft 更相似的对象，如 Oracle、Adobe、IBM。因此，对于 Microsoft，software company 是更合适的基本层次概念，即 software company 的属性更容易应用于 Microsoft，这也是为什么通过 software company 能找到许多与 Microsoft 相似的对象。

不幸的是，虽然在这一课题上进行了很多研究工作，目前仍没有一个清晰的公式推断给定对象的基本层次类别。换句话说，仍然不知道如何从 Microsoft 数以千计的概念中挑选出 software company。心理学家已经通过对被试者的词汇联想测试来推断可能是基本层次类别[137]的概念，但这种办法不能扩展。另外，越来越多的信息检索、自然语言理解和人工智能领域中的应用需要用到 BLC。

3.1.2　应用

对于许多应用，如查询理解和广告匹配，找到一个对象的基本层次类别至关重要。以下两个现实生活中的应用展示了 BLC 的重要性（见图 3-1）。

a) Google知识面板　　　　　　　　b) Bing知识面板

图 3-1　BLC 应用的一个实例

- **知识面板（Knowledge panel）**：搜索引擎为常见实体的查询展示知识面板。图 3-1a 是搜索 Albert Einstein 时 Google 知识面板的内容，图 3-1b 是搜索 Larry Page 时 Bing 知识面板的内容。值得注意的是，Albert Einstein 被标记为 theoretical physicist，与 world famous Germanborn American physicist 或 physicist 相比，可以认为这是一个描述 Albert Einstein"恰到好处"的概念。然而，目前仍然没有很好的推理方法来推导这种"恰到好处"的概念，图 3-1 中所展示的例子仍然是人工编辑的结果。显然，这种人工编辑的方法无法规模化应用。
- **广告及推荐系统**：在许多应用中，给定一个实体，需要推荐相似实体。例如，应该向 Samsung Galaxy S5 感兴趣的用户推荐 HTC M8 或 iPhone 6，而不是 Samsung LED TV。众所周知，一个实体的基本层次类别通常包含许多相似的实体。在这个例子中，popular smartphone 和 high end smartphone 的实体可能是更好的选择。因此，了解基本层次类别有助于提供恰当的推荐。目前，好的广告及推荐系统通常基于点击日志中的记录，但点击日志并不总是可用的，特别是对新的实体而言。

3.1.3 BLC 计算方法

类似上述应用的发展推动了 BLC 计算方法的研究。显然，更好地了解人类的认知过程有助于构建能够理解人类世界的机器。近年来，许多知识库[21,144,57,166,37]开始进行文本理解等任务。有些知识库定义了丰富的概念空间，并提供从词汇到概念空间的映射。然而，目前仍没有任何机制能够确定词汇的基本层次概念，造成机器难以"理解"词汇，这反过来又阻碍了这些知识库对自然语言理解等应用的影响。

本章主要研究 BLC 计算方法。根据已有研究[137]，可以认为一个对象的基本层次概念位于分类层级结构的中间。换句话说，基本层次概念是抽象概念（general concept）与具体概念（specific concept）的折中，也是分类准确性与预测能力的折中。据此，本章将介绍一种基于典型性和

PMI 的 BLC 方法，并与几个已有方法，包括平均往返时间（commute time），进行比较以了解这种方法的本质，同时用大量的实验证明其有效性。

3.2 语义网络

许多知识库或语义网络为了各种各样的应用而被建立，包括词汇知识库（Lexcial knowledge bases）和百科知识库（Encyclopedia knowledge bases）。有一些是通过专家或社区的努力建成的，如 WordNet[60]、Wikipedia[163]、Cyc[97] 和 Freebase[21]。其他一些知识库或语义网络是通过数据驱动的办法建成的，如 KnowItAll[57]、NELL[37] 和 Probase[166]。因为在数据驱动语义网络中，信息是基于用户对自然语言的实际使用而获得的，所以对自然语言理解尤其有用。具体来说，数据驱动语义网络有以下特点：

1）与人为构建的知识库相比，数据驱动语义网络中概念的粒度更细。例如，Freebase 有数以千计人为构建的概念，而 Probase 有数以百万计的概念（如图 3-2 所示）。

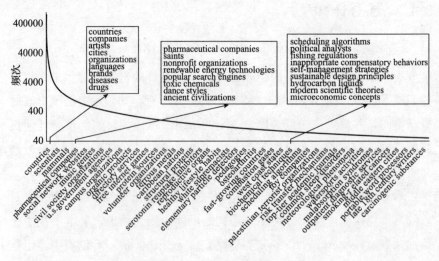

图 3-2　Probase 概念分布

2)数据驱动语义网络中的信息不是非黑即白的,而是与各种权重和概率有关,如典型性(对一个概念来说某个实体有多个典型)。

本章关注基本层次类别化。许多基本层次概念,如 high end smartphone、software company、theoretical physicist 是细粒度的概念,在人为构建的知识库中并不存在。并且,推断基本层次概念需要与知识有关的统计信息。因此,本章选择数据驱动知识库。本章利用 Probase[166]提供细粒度的概念和统计信息,方法同样适用于其他符合上述要求的知识库。Probase 从 16.8 亿个网页中获得,由句子中提取的匹配 Hearst 模式[69]的 isA 关系组成。例如,从句子"…presidents such as Obama …"中,它提取到"Obama"是 president 实体的一个证据。Probase 的核心版本包含 3 024 814 个概念、6 768 623 个实体和 29 625 920 个 isA 关系。

3.3 基本层次类别化

本节将描述 BLC 计算方法。在此之前,先介绍两个常用方法,即典型性和 PMI,并说明为什么两者都不足以导出基本层次类别,基于对这些方法的分析来阐述本章的方法,以及论述为什么本章所提方法更好。

3.3.1 典型性

典型性是衡量对象及其概念间关系的一个重要指标。在理想情况下,或者对真实例子中抽取的一般数据来说,每个类别(概念)可能包含一个或多个典型对象[104]。例如,给定概念 bird,人们更可能想到 robin 而不是 penguin,尽管 penguin 也是一种 bird。同样,当提到 Obama,人们更可能想到 president 而不是 author,尽管 Obama 也是一位畅销书 author。

用 $P(e \mid c)$ 表示给定概念 c、实体 e 的典型性,用 $P(c \mid e)$ 表示给

定实体 e、概念 c 的典型性。将 $P(e\mid c)$ 和 $P(c\mid e)$ 称为典型性。对于上述例子，有 $P(\text{robin}\mid\text{bird}) > P(\text{penguin}\mid\text{bird})$ 和 $P(\text{president}\mid\text{Obama}) > P(\text{author}\mid\text{Obama})$。

如何计算典型性是一个有趣且具有挑战性的问题。Mervis 等[111]发现仅仅用频率并不能预测典型性。例如，chicken 是一种 bird，并且经常出现在日常交谈或文本中。但一些很少遇到或讨论的鸟类比它更典型，比如 robin。另外，一个对象被认为属于一个类别的频率也可用于衡量其典型性[11]。例如，利用 Hearst 模式[69]可以发现，在语料库中 chicken 作为 bird 的实体有 130 次，而 robin 有 279 次，符合 robin 比 chicken 是更典型的 bird。基于以上观察，从概念和实体的共现次数导出典型性：

$$P(e\mid c) = \frac{n(c,e)}{\sum_{e_i \in c} n(c,e_i)}$$

$$P(c\mid e) = \frac{n(c,e)}{\sum_{e \in c_i} n(c_i,e)} \tag{3.1}$$

其中，$n(c,e)$ 表示根据 Hearst 模式，概念 c 和实体 e 在 Web 文档中的共现次数。

3.3.2 将典型性用于 BLC

先将典型性直接用于 BLC：那么给定实体 e，最大化 $P(c\mid e)$ 的概念 c 有多大可能是 e 的基本层次概念？或者，c 有多大可能是使 $P(e\mid c)$ 最大化的概念？

本小节将说明，这种方法推导不出适合的基本层次概念。回到 3.1 节中所提的 Microsoft 的例子。显然，company 是 Microsoft 非常典型的概念，也就是说，提到 Microsoft 会想到它是一个 company。而 Microsoft 也是 largest OS vendor 非常典型的实体，也就是说，当想到 largest OS vendor 可能是在谈论 Microsoft。换句话说，当 e＝Microsoft 时，c_1＝company 的典型性 $P(c_1\mid e)$ 很高，c_3＝largest OS vendor 的典型性 $P(e\mid c_3)$ 很高。但在 3.1 节中解释了这两个概念都不是 Microsoft

的基本层次概念。事实上它们是两种极端：company 是 Microsoft 非常抽象的概念，而 largest OS vendor 是非常具体的概念。这两种极端有以下特点：

- 针对"将实体映射到正确类别中"的目标，抽象概念往往会最大化准确性。例如，将任意实体映射到抽象概念如 item 或 object 中，它可能永远都是正确的。
- 针对"做出正确预测"的目标，具体概念往往具有很强大的预测力。例如，与 company 相比，largest OS vendor 对 Microsoft 的预测更可信。

换句话说，给定一个实体，抽象概念可能是正确的，但不能区分不同类的实体。而具体概念保留了更多有关实体的有用信息，但覆盖非常有限。两者折中才是希望得到的结果。

3.3.3　将平滑典型性用于 BLC

上面讨论的典型性倾向于给"极端"概念高分，即抽象概念或具体概念。原因很明显：①给定 e，$P(c \mid e)$ 与 c 和 e 的共现次数成正比，因此它往往将 e 映射到抽象概念中；②给定 e，$P(e \mid c)$ 往往会给出那些只包含 e 的具体概念。

为了解决"极端"值的问题，可以使用平滑技术，平滑典型性定义如下：

$$P(e|c) = \frac{n(c,e) + \varepsilon}{\sum\limits_{e_i \in c} n(c,e_i) + \varepsilon \, N_{\text{instance}}} \tag{3.2}$$

其中 N_{instance} 是所有实体的个数；ε 是一个很小的定量，它假设不论是否观察到，每个（概念，实体）对在现实世界中的共现次数都很小。

平滑典型性削弱了极端值。例如，假设最初 $P(\text{Microsoft} \mid \text{largest OS vendor}) = 1$，即 Microsoft 是 largest OS vendor 的唯一实体。假设 $\varepsilon = 0.01$，$N_{\text{instance}} = 1\text{M}$，根据式(3.2)导出的平滑典型性 $P(e \mid c) = (1 + 0.01)/(1 + 0.01 \times 10^6) = 0.001$ 比初始值小了很多。这一变化提高了其他概念的典型性，如 software company，有助于选择更合适的基本层次

类别。

然而，平滑方法存在两个问题。首先，结果对 ε 十分敏感，而 ε 很难调整。更重要的是，平滑是通过一种理论上未必成立的方法避免极端值的。例如，它假设有很多没有观察到的 largest OS vendor，因此将 $P(\text{Microsoft} \mid \text{largest OS vendor})$ 减小到 0.001。但事实上，Microsoft 确实是为数不多的 largest OS vendor 之一，把它的典型性减小到 0.001 并不合理。因此，平滑典型性并没有解决推断基本层次类别的根本挑战。

3.3.4 将 PMI 用于 BLC

PMI(Pointwise Mutual Information，点互信息)[117]是衡量两项间关系强度的一个重要指标。考虑用概念 c 和实体 e 的 PMI 导出基本层次概念，即将 $c = \text{argmax}_c \text{PMI}(e, c)$ 当作 e 的基本层次概念，$\text{PMI}(e, c)$ 定义如下：

$$\text{PMI}(e, c) = \log \frac{P(e, c)}{P(e)P(c)} \tag{3.3}$$

进一步推导出：

$$\text{PMI}(e, c) = \log \frac{P(e|c)P(c)}{P(e)P(c)} = \log P(e|c) - \log P(e) \tag{3.4}$$

由于给定 e，$\log P(e)$ 是常数，因此将概念按照 PMI 排序等价于按典型性 $P(e \mid c)$ 排序，即 PMI 等价于典型性。但正如 3.3.2 节所述，典型性不能导出基本层次概念。

为了使 PMI 对频率不那么敏感，同时更容易解释，Bouma 等[10] 提出了 NPMI(Normalized Pointwise Mutual Information，归一化点互信息)。概念 c 和实体 e 的 $NPMI$ 定义如下：

$$\text{NPMI}(e, c) = \frac{\text{PMI}(e, c)}{-\log P(e, c)} = \frac{\log P(e|c) - \log P(e)}{-\log P(e, c)} \tag{3.5}$$

可以看出，与 PMI 和典型性类似，NPMI 往往也会使概念过于抽象或过于具体，确切地说：

- 当 $P(e, c)$ 很大（接近 1），$-\log P(e, c)$ 趋向于 0，因此 $P(e,$

c)代表了 NPMI，导致排名最高的基本层次概念过于抽象。

- 当 $P(e, c)$ 很小，$P(e, c)$ 改变时 $\dfrac{1}{-\log P(e, c)}$ 改变很少，因此 PMI 代表了 NPMI，导致排名最高的基本层次概念过于具体。

3.3.5　将 Rep(e，c)用于 BLC

典型性和 PMI 都不能导出基本层次概念。根据已有研究[137]可知，基本层次概念既不是抽象的也不是具体的。为此，做一个直观的折中，定义评分函数 Rep 如下：

$$\text{Rep}(e,c)=P(c|e) \cdot P(e|c) \tag{3.6}$$

给定实体 e，用上面的分数导出基本层次概念：

$$\text{BIC}(e)=\underset{c}{\text{argmax}}\,\text{Rep}(e,c) \tag{3.7}$$

直观上，给定实体 e，上述等式试图找出这样的概念 c：①c 是 e 典型的概念，②实体 e 是 c 的典型实体。

此外，取式(3.6)中评分函数的对数，可以得到：

$$\log \text{Rep}(e,c)=\log \frac{P(e,c)^2}{P(e)P(c)}=\text{PMI}(e,c)+\log P(e,c) \tag{3.8}$$

事实上，这与 PMI^2 相对应，它是 PMI 在 PMI^k 家族的规范形式[53]。提出 PMI^2 是为了探讨如何通过在对数中引入 $P(e, c)$ 来优化 PMI，它规范了 PMI 的上界[10]。因此，PMI^2 能削弱极端值，鼓励位于分类中间的概念。

从另一个角度来看，基本层次类别具有一个重要性质：一个实体的基本层次类别更有可能包含该实体的相似实体。在 3.1 节的 Microsoft 例子中，抽象概念(如 company)或具体概念(如 largest OS vendor)的实体中，并没有与 Microsoft 相似的实体。可是基本层次类别的概念(如 software company)中却能发现相似实体。根据这一性质能得出一个图上遍历方法以找到基本层次类别。接下来本小节将阐述图上遍历方法等价于式(3.7)中最大化评分函数的方法。

对于实体 e，将导出其基本层次类别的过程看作在寻找与 e 距离最短的概念。直观地，从结点 e 开始遍历，可能到达某一概念，从这一概念开始遍历，很有可能又走回 e。这相当于给定结点，找到其最近结点的随机游走问题（如图 3-3 所示）。本章利用平均往返时间[94]计算两结点在图上的距离。平均往返时间是一个步数的期望值，从结点 i 开始随机游走，通过结点 j 一次，并再次返回到 i 的步数的期望。实体 e 和概念 c 的平均往返时间为：

$$
\begin{aligned}
\text{Time}(e,c) &= \sum_{k=1}^{\infty}(2k)\times P_k(e,c) \\
&= \sum_{k=1}^{T}(2k)\times P_k(e,c) + \sum_{k=T+1}^{\infty}(2k)\times P_k(e,c) \\
&\geqslant \sum_{k=1}^{T}(2k)\times P_k(e,c) \\
&\quad + 2(T+1)\times(1-\sum_{k=1}^{T}P_k(e,c))
\end{aligned}
\tag{3.9}
$$

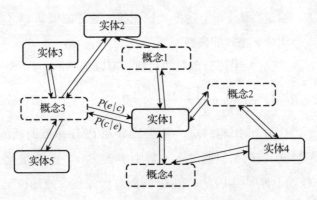

图 3-3　在 isA 关系网络上的随机游走

其中 $P_k(e,c)$ 是在 $2k$ 步内从 e 走到 c 再走回 e 的概率。

因为我们只对较小的平均往返时间感兴趣，所以忽略那些平均往返时间大于阈值 T 步的概念。如果限制随机游走步数在 4 步以内，将得到：

$$
\begin{aligned}
\text{Time}'(e,c) &= 2\times P(c|e)P(e|c)+4\times(1-P(c|e)P(e|c)) \\
&= 4-2\times P(c|e)P(e|c) = 4-2\times\text{Rep}(e,c)
\end{aligned}
\tag{3.10}
$$

可以发现 $\text{Time}'(e,c)$ 与式(3.6)中的评分函数存在逆关系。综上所述，在图的遍历方法等价于式(3.7)中易于计算的简单评分方法。

3.4 小结

本章讨论了 BLC 计算方法，提出了基于典型性和 PMI 的 BLC 方法，深入分析并通过与其他方法对比理解了它的本质，并通过大量的实验证明了它的有效性。

第4章

基于概念化的短文本理解

短文本概念化的目标是把短文本（如搜索引擎中的查询关键字）所包含的实体映射到特定知识库或语义网络所定义的概念上。像查询这样的短文本通常并不遵守语法规则，并且没有足够的信息来进行统计推断。然而，仍然有一些可用的信息，比如动词、形容词、实体词和它们的属性，这些词语带有明显的语言信号，能够在理解查询的语义时提供有价值的线索。本章将介绍一种基于概念化的查询理解方法，该方法首先从大量的网络语料中挖掘出词语之间的各种关系，并利用一个概率性的知识库将它们映射到相关的概念上。最后利用这些挖掘得到的知识，使用基于随机游走的迭代算法，将查询中的词语概念化。大量丰富的实验以及与相关工作的比较证明了该方法的有效性。

4.1　引言

本章关注短文本理解的概念化问题。具体地，以一个搜索引擎中的查询来说，概念化就是要推断出该查询所包含的词最有可能对应的概念，如查询"watch harry potter"。"harry potter"可以指各种概念，包括

book、movie 和 character 等。但在该查询中，它最有可能对应的概念是 movie。短文本概念化能够为许多应用提供帮助，包括短文本分类[170]、主题词和修饰词检测[169]、Web 表格理解[171]、查询任务的识别[74]等。

　　这个问题也面临许多挑战。长文本通常含有丰富的上下文信息，通过词法和语法分析可以达到较好的消歧目的。然而对于短文本来说，由于缺乏足够的信息或统计信号，语法解析和主题模型等都不能取得良好的效果。为了解决这个问题就必须：①通过与外部的知识库相结合，从输入的短文本中获得更多的语言信号，以及②设计一套新的方法来更好地体现并利用这些信号之间的相互影响，从而为消歧和短文本理解带来帮助。

- **从输入和外部知识网络中获取信号。**尽管短文本通常非常稀疏、有歧义并且有很多的噪声，但理解它们对于人类来说并不困难，然而对于机器来说却并不简单。现有的工作大多使用基于"词袋"（Bag of words）的方法来解析文本[29,16]，或者用基于统计的主题模型来进行语义消歧[127,90]。但是短文本能够提供的信息非常少，以至于基于词袋的方法和基于共现的统计方法往往不能捕捉到有用的信号。例如，在查询"premiere Lincoln"中，"premiere"是一个重要的信号，表明"Lincoln"在这里应该指的是 *movie*；同样，在"watch harry potter"中，正因为"watch"的出现，我们才确定"harry potter"指的是 *movie* 或 *DVD*，而不是 *book*。但是，这些关于词汇的知识（例如"watch"的对象通常是 *movie*）并没有在短文本中明确表示出来，因此需要借助外部知识网络来补充这些知识。

- **为短文本理解构建一套整体模型。**现有的自然语言处理技术通常采用多层次的模型，如首先分词并标注词性，然后再进行语法解析，接着再进行实体消歧等。在这种模型中，文本中包含的信号是顺着执行过程逐层传递的，并且只能从底层流动到上层。然而对于短文本来说，信号需要能够反向传递。例如"watch harry potter"这个查询，我们能够判断"watch"是一个动词表示"观看"，而不是一个实体表示"手表"，这是因为在它后面出现了"harry potter"这个实体；反过来我们确定"harry potter"在这里指的是 *movie*

而不是 *book*，是因为它前面出现了"watch"这个动词。也就是说，不单单是实体解析需要词性标注提供的信息，反过来词性标注实际上也需要实体解析提供的信息，即在自然语言处理层次模型中，信号不仅需要能够从底层传播到高层，也需要从高层再传播到底层。近期的一些工作[77]也尝试利用词汇知识来帮助进行短文本理解，但是他们仍然采用的是层次模型：分词、词性检测、实体消歧逐层进行。本章所提出的整体化模型能够更好地模拟各种可用信号在各个层次中的相互影响，从而能得到更准确更一致的结果。

如上所述，本章通过与外部知识网络相结合，从短文本输入中获取更多的信号。而这里所指的知识，并不是百科全书的知识，而是关于语言和词汇的知识。这些知识对理解短文本来说非常重要，因为短文本中通常包含很多非实体词，如作用在实体上的动词、修饰实体的形容词和实体的属性等。例如查询"most dangerous python in the world"中的形容词"dangerous"，就是帮助我们知道"python"是 snake 而不是 programming language 的重要信号。表 4-1 给出了一些非实体词的例子。

表 4-1　查询所包含非实体词实例

查询	非实体词	词性	实体
watch harry potter	watch	verb	harry potter
most dangerous python in the world	dangerous	adjective	python
population of china	population	attribute	china

在实际搜索引擎的搜索关键字中，非实体词比例非常大。图 4-1 显示了从 Bing 搜索日志中统计得出的包含非实体词的查询所占的比例。在某些情况下，这些非实体词也可能表示的是实体，如查询"watch and jewelry"中"watch"实际上表示的是手表，但是大部分情况下，它们都为实体消歧提供了很多有用信息。

本章解决了在短文本理解问题中的以下两大挑战：

1) 本章建立了一个关于词汇的知识库，从而将非实体词，包括动词、形容词，以及实体和常见属性

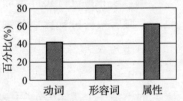

图 4-1　查询所包含非实体词比例统计

等对应到相关的概念上。例如，"watch"对应到 *movie*。但是大部分词语都有多种词性，如"watch"可以是动词"观看"，也可以是名词"手表"，从而对应到不同的概念上。利用现有的自然语言处理工具进行词性标注看似能够解决这个问题，但是事实上，由于缺乏语法规则和句式结构，这些工具在短文本上并不能取得良好的效果。表 4-2 显示了使用斯坦福自然语言处理工具[142]对短文本进行词性标注的一些错误结果。为了解决这一挑战，本章从大量的语料中挖掘出词汇之间的共现关系[166]，并结合大规模的知识库，构建出关于词汇的知识库，来辅助词性检测。

表 4-2　基于自然语言处理技术进行短文本词性标注错误实例

短文本	结果
adidas watch	adidas/NNS watch/VBP;
orange apple pie	orange/JJ apple/NN pie/NN
jump weekly anime	jump/VB weekly/JJ anime/NN
weekly anime jump	weekly/JJ anime/NN jump/NN

2)本章打破了自然语言处理的常规层级顺序，采用一个整体的模型。具体来说，本章将查询中包含的词语、相关的概念，以它们之间的关系用一个图模型来表示，并使用基于随机游走的迭代方法，来得到对短文本完整一致的理解。

接下来，本章将在 4.2 节介绍一些预备知识，并简单介绍本章所使用的知识库；4.3 节介绍如何挖掘非实体词与其对应的概念之间的关系；4.4 节介绍查询理解的整体化模型；4.5 节给出结论。

4.2　预备知识

人类能够理解像短文本这样稀疏、有噪声、有歧义的输入，是因为他们具有关于语言的知识。近几年大量的知识库涌现出来，如 DBpedia[1]、Freebase[21]、Yago[144]等。但这些知识库大部分都是百科全书式的，包含的知识是诸如"奥巴马的出生日期和出生地"这样一些基本事实。这些知识库能够帮助计算机给出一个问题的答案，却不能帮助计算机理解一个问题。而理解一个问题需要关于语言的知识，如"出生日期和出生地是人的属性"，关于语言和词汇的知识库就是为此而建立的。本章使用的知识库是一个叫做 Probase[166] 的概率性知识库。

4.2.1　概念

Probase 包含数百万的词，每个词表示一个实体、一个概念，或者两者都是。同时，它包含两种最主要的关系，即 isA 关系（如 Barack Obama isA President）和 isAttributeOf 关系（population isAttributeOf country）。isA 关系存在于实体与概念之间，可以通过下式来计算一个实体属于某个概念的典型性：

$$P^*(c \mid e) = \frac{n(e,c)}{\sum_c n(e,c)} \tag{4.1}$$

其中，$n(e, c)$ 是在语料中"e isA c"这样的句子出现的频率。典型性分值对于概念化而言非常重要。

4.2.2　概念聚类

Probase 包含数百万个概念，一个实体可以对应到很多概念。例如，"tiger"这个实体可以对应到 animal、exotic animal、jungle animal 等概念。将这些概念全部归纳为一个 animal 概念有助于降维，从而减轻计算负担，并且使得实体之间的相似度得到更好的衡量，进而为推断提供便利。

因此，本章采用 k-Medoids 聚类算法[102]将这些概念聚为 5 000 个簇，如 animal、exotic animal、jungle animal 等概念全部聚为一个 animal 概念簇。相应地，每一个实体被映射到概念簇，而不是原来的单个概念上。具体来说，一个实体 e 对应到一个概念簇 c 的典型度定义为：

$$P(c \mid e) = \sum_{c^* \in c} P^*(c^* \mid e) \tag{4.2}$$

为简化起见，本章后续使用"概念"这一术语来指代一个"概念簇"。

4.2.3 属性

属性是短文本理解中至关重要的组成部分。本书第 2 章详细介绍了属性的抽取与概率化推导。简而言之，它是根据如下的模板从语料中挖掘出来的：

the $<$attr$>$ of(the/a/an)$<$term$>$(is/are/was/were/…)

此处$<$attr$>$表示待抽取的属性，$<$term$>$表示一个概念（如国家）或一个实体（如意大利）。例如，从"the president of a Country"可以得到"president"是 Country 的一个属性。相似地，从"the capital of China"可以得到"capital"是"China"的一个属性，然后因为"China"是属于 Country 这个概念的，因此"capital"也是 Country 的一个属性。Probase 用 Rank SVM 模型对由概念挖掘到的属性和由实体挖掘到的属性结合起来[101]，即用一个函数 f 来计算每一个属性的典型度：

$$P(c \mid a) = f(n_{c^*,a}, n_{e_1,a}, \cdots, n_{e_k,a}) \tag{4.3}$$

其中，$n_{c^*,a}$ 表示属性 a 与一个概念 c^* 以上述句式出现的频率，$n_{e_i,a}$ 表示属性 a 与一个实体 e_i 以上述句式出现的频率，并且 e_i 是属于概念 c^* 的一个实体。通过把一个概念簇中的所有概念的典型度聚集起来，可以得到 $P(c \mid a)$，即属性 a 对于概念簇 c 的典型度。

4.2.4 整体框架和符号表示

本章所提出的整体框架由两部分组成：第一部分是离线的，负责挖掘非实体词与概念之间的对应关系；第二个部分是在线的，负责推断给定查询所对应的概念。本章中用到的一些符号由表 4-3 所示。一个查询包含很多的词，如动词、形容词、实体或者实体的属性，一个词由一个或多个单词组成，用 t 来表示。$P(z \mid t)$ 表示词语 t 的词性分布，这里

的词性 z 表示 t 是一个动词、一个形容词、一个实体或者一个属性，$P(z \mid t)$ 指明了词语 t 是某种词性的概率。

表 4-3 本章涉及的一些符号表示

符号	含义
c	概念(聚类)
c^*	Probase 里的概念个体
e	实体
t	词(t 可以是一个实体词或非实体词)
词性	动词、形容词、属性、实体中的一种
z	表示词性的一个随机变量
$P(z \mid t)$	词 t 的词性分布
$P(t \mid c, z)$	给定概念 c 和词性 z 时词 t 的分布
$P(c \mid t, z)$	给定词 t 及其词性 z 时的概念 c 的分布

4.3 挖掘词汇关系

本节介绍离线的部分，即怎样从语料中挖掘词汇与概念之间的对应关系，挖掘得到的这些知识将被用于下一节介绍的迭代方法。

4.3.1 概述

离线部分要挖掘的知识可以形式化为如下两个概率分布：

- $P(z \mid t)$：这个概率表示，给定一个词语 t，它的词性 z（包括动词、形容词、实体或者实体的属性）出现的概率是多少。例如，当"watch"在一段语料中出现时，它有 0.8374 的几率是动词，$P(\text{verb} \mid \text{watch}) = 0.8374$。

- $P(c \mid t, z)$：这个概率表示，当一个词语 t 以词性 z 出现时，它与概念 c 有关的概率是多少。例如，$P(\text{movie} \mid \text{watch}, \text{verb})$ 这个概率指的是当 watch 作为一个动词出现时，它与 movie 相关的概率。

接下来将详细阐述这两个概率是如何获得的。

4.3.2 解析

为了获得上述概率，首先使用自然语言处理工具对网络上数十亿的文档进行解析。具体来说，对于一段文本，首先使用斯坦福的自然语言处理工具 Stanford Parser 对其进行分词和词性标注，进而从中提取出动词和形容词，再根据解析出的依赖关系，与 Probase 相结合，找出这些动词和形容词作用的对象，以及它们在 Probase 中对应的实体或概念。具体细节下文再做详细论述。

4.3.3 $P(z \mid t)$ 推导

$P(z \mid t)$ 可以通过下式得到：

$$P(z \mid t) = \frac{n(t,z)}{n(t)} \tag{4.4}$$

其中，$n(t,z)$ 表示在语料中词语 t 以词性 z 出现的次数，$n(t)$ 是词语 t 出现的总次数。表 4-4 显示了一些计算结果。

表 4-4 词性分布实例

	动词	形容词	属性	实体
book	0.1033	0	0.0577	0.8389
watch	0.8374	0	0	0.1624
pink	0.0041	0.6830	0.0029	0.3101
harry potter	0	0	0	1

4.3.4 $P(c \mid t, z)$ 推导

由于词性 z 可能是实体、属性、动词或形容词，下面将分别对这几种情况进行讨论。

情况 1：z 是实体

当 z 是实体时，$P(c \mid t, z = \text{instance})$就退化成 $P(c \mid e)$，根据式(4.2)容易得到：

$$P(c \mid t, z = \text{instance}) = P(c \mid e) \tag{4.5}$$

情况 2：z 是属性

当 z 是属性时，$P(c \mid t, z = \text{attribute})$就退化成 $P(c \mid a)$，根据式(4.3)容易得到：

$$P(c \mid t, z = \text{attribute}) = P(c \mid a) \tag{4.6}$$

情况 3：z 是动词或形容词

在这种情况下，首先挖掘出动词/形容词与实体之间的关系，再通过实体作为桥梁(如图 4-2 所示)，得到动词/形容词和概念之间的联系。

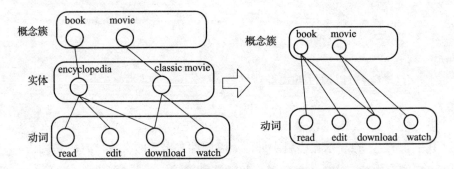

图 4-2　以实体为桥梁构建动词与概念之间的联系

具体而言，通过上文提到的自然语言解析步骤，可以得到实体、属性、动词和形容词在所有 Web 网页中的共现次数。为了得到有意义的共现，此处要求这种共现必须被包含在一个依赖关系中，而不仅仅是共同出现在一个句子里。例如，从"the girl ate a big pear"中可以解析出两个依赖关系(eat_{verb}，$\text{pear}_{\text{instance}}$) 和($\text{big}_{\text{adjective}}$，$\text{pear}_{\text{instance}}$)。根据这些共现数据就可以计算出 $P(e \mid t, z)$，即当词语 t 以词性 z 出现时，它与实体 e 的共现概率是多少：

$$P(e \mid t, z) = \frac{n_z(e, t)}{\sum_{e^*} n_z(e^*, t)} \tag{4.7}$$

其中，$n_z(e, t)$是当词语 t 以词性 z 出现时，它与实体 e 有依赖关系的次数。

然后，通过将实体作为桥梁，就可以得到词语 t 与概念的关系。具体来说，有如下式子：

$$P(c \mid t, \text{verb}) = \sum_{e \in c} P(c, e \mid t, \text{verb})$$
$$= \sum_{e \in c} P(c \mid e, t, \text{verb}) \times P(e \mid t, \text{verb})$$
$$= \sum_{e \in c} P(c \mid e) \times P(e \mid t, \text{verb}) \qquad (4.8)$$

同理，可以得到 $P(c \mid t, \text{adjective})$：

$$P(c \mid t, \text{adjective}) = \sum_{e \in c} P(c \mid e) \times P(e \mid t, \text{adjective}) \qquad (4.9)$$

其中 $P(c \mid e)$ 由式(4.2)给出，$P(e \mid t, \text{verb})$ 和 $P(e \mid t, \text{adjective})$ 由式(4.7)给出。

4.3.5　语义网络

通过以上步骤，可以构建一个语义网络，其中顶点代表词，包括实体、概念、属性、动词、形容词。图 4-3 显示了语义网络中围绕"watch"的一个子图。

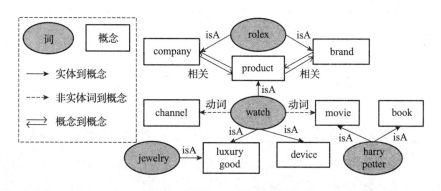

图 4-3　围绕 watch 的语义网络

语义网络中的顶点可以分为两种，一种是概念词（以圆角矩形表示），另一种是非概念词（以椭圆表示）。顶点之间包含三种关系：①实体与概念之间的 isA 关系，②动词/形容词/属性与概念之间的关联关系，以及③概念之间的关联关系。

接下来本节将分两种情况介绍如何量化这些关系，即给连接它们的边赋权重。第一种情况是非概念词和概念词之间的关系，用 $P(c \mid t)$ 表示，对应上文提到的前两种关系。第二种情况，对应到上文提到的第三种关系，体现了两个概念之间的相关程度，如 product 和 company 就是两个紧密联系的概念，用 $P(c_1 \mid c_2)$ 表示。

- 从一个非概念词 t（可能是一个实体、属性、动词或形容词）指向一个概念 c 的概率 $P(c \mid t)$ 指定为：

$$P(c \mid t) = \sum_z P(c \mid t, z) \times P(z \mid t) \tag{4.10}$$

- 从一个概念 c_1 指向另一个概念 c_2 的相关度概率 $P(c_1 \mid c_2)$ 可以根据这两个概念所包含的实体的共现次数导出：

$$P(c_2 \mid c_1) = \frac{\sum_{e_i \in c_1, e_j \in c_2} n(e_i, e_j)}{\sum_{c \in C} \sum_{e_i \in c_1, e_j \in c} n(e_i, e_j)} \tag{4.11}$$

其中 $n(e_i, e_j)$ 是概念 c_1 和概念 c_2 包含的无歧义实体的共现次数，分母用来进行归一化。事实上，在构建语义网时，对于一个概念 c_1，只需考虑与它相关度最高的 25 个概念，也就是说，如果 c_2 并不在前 25 个与 c_1 紧密关联的概念中，则设 $P(c_1 \mid c_2) = 0$。

4.4 查询理解

本节介绍查询概念化的过程，即给定一个查询，对其包含的实体词，找到它最可能对应的概念。例如，"apple ipad"中"apple"对应概念 company 或 brand，而非 fruit。

4.4.1 方法概况

如图 4-3 所示，构建好的语义网络由概念词、非概念词和它们之间各种各样的关系组成，一个非概念词与一组概念相关。对于一个给定的

查询 q，q 中包含的词将激活语义网络中的一个子图。对于 q 中的任一个词 t，将其概念化的过程就是要找到 $\underset{c}{\arg\max}\, p(c \mid t, q)$，即通过 q 提供的上下文环境对词语 t 可能对应的概念进行排序，从而找出最有可能的概念。

考虑 "watch harry potter" 这个查询，图 4-3 显示了代表这一查询的语义子图。在这里，"harry potter" 更可能指的是 movie 而不是 book，因为 movie 这个概念与 "watch" 和 "harry potter" 都有关联。因此容易想到利用随机游走的方法来找到这个最可能的概念。然而，传统的随机游走适用于较为简单的网络，在这里不能取得良好的效果，因为在语义图中顶点和边都是异构的。因此，本章提出多轮随机游走的方法，每一轮随机游走基于现有的知识（包括词性分布，以及词语到概念的映射概率）给概念赋权重。在进行完一轮随机游走之后，再根据概念的权重更新现有的知识，即重新调整词性分布和边的权重，当算法收敛时，即可得到概念的排序结果，从而找出最可能的概念，同时词性也就确定了。

4.4.2　算法

查询概念化的算法包括三个组成部分：第一部分对查询进行分词，第二部分利用分好的词构建语义子图，第三部分执行迭代算法找出各个词最可能对应的概念。

1. 分词

首先将一个查询分为一组词，记为 $T = \{t_1, t_2, \cdots\}$。把 Probase 作为词典，可以识别出一个查询中出现的词，并且只考虑最长子串，也就是说，如果一个词完全包含在另一个词中，那么只取最长的那个子串作为一个词。例如，"angry bird" 可以解析为 "angry bird" 一个词，或 "angry" 与 "bird" 两个词的组合，但显然前一种分词才更有意义。在某些情况下，得到的词会有部分重叠，如 "new york times square" 可以解析为 "new york" 和 "times square" 的组合，也可以解析成 "new york times" 与 "square" 的组合，在这种情况下，两种分词都被认为是有效的，在下文构建语义子图时，两种分词产生的结果都将作为顶点包含在图中，而后续使用迭代算法进行概念化时，最佳的分词结果将会被算法同时选出。另外，在分词时，介词、连词等将被省略，虽然这些词能够帮助检测依赖关系，但并不是本章关注的重点，相关研究可以参考其他工作[77]。

2. 构建语义子图

经过上一步骤得到的词可以对应到上一节构建好的语义网络中的一些顶点，每个顶点又与一些概念相关联，把这些词、相关概念和相互之间的边从整个大的语义网络中抽取出来，就成为该查询对应的语义子图。图 4-4 显示了查询"new york times square"和"cheap disney watch"对应的子图。

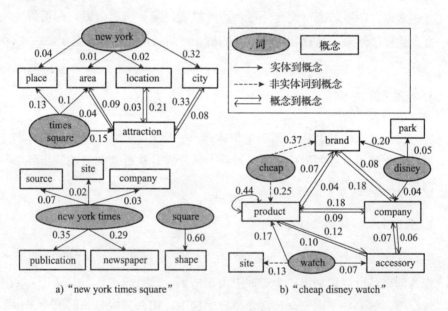

a) "new york times square"   b) "cheap disney watch"

图 4-4   示例查询的语义网子图

3. 随机游走算法

本章使用多轮随机游走的方法来为每一个词找到最可能对应的概念，每一轮随机游走中又包含若干次迭代。

在第一轮随机游走中，用向量 E 表示边的权重，向量 V^n 表示在随机游走的第 n 次迭代时顶点的权重。也就是说，在一轮随机游走的若干次迭代过程中，边的权重是不变的，而顶点的权重会随着传播而改变。具体来说，边的权重被初始化为：

$$E[e] = \begin{cases} P(c \mid t) & e:t \rightarrow c \\ P(c_2 \mid c_1) & e:c_1 \rightarrow c_2 \end{cases} \tag{4.12}$$

其中 $P(c \mid t)$ 和 $P(c_2 \mid c_1)$ 分别由式(4.10)和式(4.11)得到。

顶点的权重被初始化为：

$$V^0[\upsilon] = \begin{cases} 1/\mid T \mid & \upsilon \text{ 是一个词} \\ 0 & \upsilon \text{ 是一个概念} \end{cases} \tag{4.13}$$

其中 $\mid T \mid$ 是该查询中词个数。

每一轮随机游走采用带重启的随机游走[149]来传播权重，具体为：

$$V^n = (1-\alpha)E' \times V^{n-1} + \alpha V^0 \tag{4.14}$$

其中 E' 是将向量 E 写为矩阵的形式，由式(4.12)得到。利用上式进行若干次迭代(由于两次迭代就能够覆盖图中所有的顶点和关系，因此在实践中采用两次迭代就够了)即为一轮随机游走的过程。

完成一轮随机游走时，顶点的权重就变为一个新的向量。例如，在图 4-4b 中，product 这个顶点的权重增加了。基于这个新得到的知识，就可以对之前做出的词性判断和概念化决策进行更新，具体来说，就是依据下式更新由词指向概念的各条边的权重。

$$E[e] \leftarrow (1-\beta) \times V^n[c] + \beta \times E[e] \quad e:t \rightarrow c \tag{4.15}$$

直观上来说，从图 4-4b 可以看出，由于 product 和"cheap"以及"watch"这两个词都有关联，因此在一轮随机游走中，product 这个顶点的权重就会增加，从而由"watch"到 product 的边就变得比"watch"到 site 的边更加可信，于是需要给前者增加权重，而给后者降低权重。

调整完边的权重之后，又开始新一轮随机游走。上述过程将重复若干次，直到算法收敛。关于算法收敛性，由于带重启的随机游走[61]在 E' 是常量时是保证收敛的[140]，在本章提出的算法中，E 和 V 都是非负的，并且 $E \propto V^n$，因此整个算法必然收敛。

最后，当算法收敛时，即可通过下式得到词 t 对应的概念：

$$p(c \mid t,q) = \frac{E(t \rightarrow c)}{\sum_{c_i} E(t \rightarrow c_i)} \qquad t \in q$$

4.5　小结

查询理解是一个非常具有挑战性的任务。本章构建了一个词汇语义网络来帮助从输入的短文本中发现更多的语义信号，并提出了一个基于图的迭代方法，来同时解决词性标注和查询概念化两大难题。通过实验证明，该方法在解决查询理解问题上取得了很大的提高。

第 5 章

基于概念化的短文本主题词与修饰词检测

前两章分别提出了针对单实体以及短文本的概念化模型，这些模型是短文本理解的核心。在短文本理解中，主题词与修饰词的检测是一个非常重要的问题。然而在许多情况下，短文本（如搜索引擎中的查询关键字等）并不遵守语法规则。现有方法通常基于粗粒度、领域相关，以及需要大量训练数据，本章将介绍一种基于语义的短文本主题词与修饰词检测方法。此方法首先从搜索日志中获取大量实体级别的"主题词-修饰词"对，然后通过概念化模型将这些实体对归纳至概念级别，最后通过这些精细且精确的带权重的概念模式来进行主题词与修饰词的检测。大量丰富的实验证明了本章所提方法的有效性。

5.1 引言

如今大量应用程序需要处理短文本，如搜索查询、广告关键字、微博、图片标注等。对于机器而言，理解短文本是一个巨大的挑战。通常情况下，处理长文本可以使用基于"词袋"的统计方法[147]来分析。然而短文本并不包含足够的信息或统计信号来支持这种分析方法。此外，短文本通常不是一个格式良好的句子，如搜索引擎中的查询关键字通常都不遵守语法规则。因此，基于句子结构分析的方法[80]也会失效。

本章将重点关注短文本中的主题词（head）、非限定性修饰词与限定性修饰词的检测问题。一个短文本通常会包含主题词组件与修饰词组件。其中，主题词组件表示文本的意图，而修饰词限制文本意图的范围。以搜索查询"popular iphone 5s smart cover"为例，这个查询包含 3 个组件："popular"、"iphone 5s"和"smart cover"。显然，这个查询的意图是寻找"smart cover"，因此"smart cover"是主题词组件。而"iphone 5s"和"popular"是修饰词组件。不过，即使同为修饰词组件，它们的重要性以及特性也不是完全等同的。在上面的例子中，"popular"更加主观，而"iphone 5s"以一种更加特定的方式来限定整个短语的查询意图。对于一个搜索查询而言，可以丢掉修饰词"popular"而不会改变整个查询意图，但是如果丢弃"iphone 5s"则会导致许多不相关的匹配。因此，定义类似"iphone 5s"的修饰词为限定性修饰词，而类似"popular"的修饰词为非限定性修饰词或纯修饰词。显然，将限定性修饰词和非限定性修饰词区分开是十分重要的。

通常而言，一个短文本包含一个或多个主题词、零个或多个修饰词。通过分析一个星期内（从 2012 年 7 月 25 日至 2012 年 7 月 31 日）Bing 搜索引擎的搜索日志，并且使用 Freebase[21,100] 和 Probase[166,153] 作为词典来识别每个查询中的组件，如图 5-1a 所示，大约 56％的查询包含两个或多于两个的组件（每个组件可能包含多个单词，即组件可能是一个词组）。如果考虑不同的查询数量（而不是查询次数），则这个比例会上升至 90％（如图 5-1b 所示）。这意味着检测组件并且识别它们的角色是主题词、非限定性修饰词或是限定性修饰词，对于理解搜索查询至关重要。在本章讨论中，所使用的例子一般为包含一个主题词和一个修饰词的查询，但是本章所提出的技术能够处理所有情况，即多个主题词和多个修饰词的情况。

短文本中的主题词、非限定性修饰词，以及限定性修饰词的检测问题是一个非常具有挑战性的问题，具体包括如下方面的挑战：

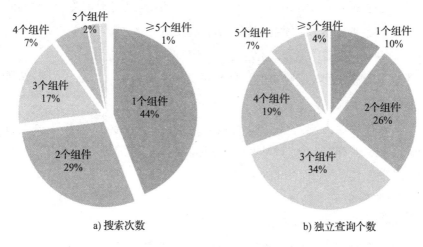

a) 搜索次数　　　　　　　b) 独立查询个数

图 5-1　搜索查询的组件数量统计

- 短文本(如搜索查询等)通常不遵守语法规则。因此，简单的基于语言规则来进行主题词与修饰词检测的方法无法使用。例如，一个简单的语言规则是在名词词组中，最后一个词通常是主题词，而它左边的词是修饰词。然而，对于"popular smart cover iphone 5s"而言，这条规则是无效的。还有其他一些基于统计的方法，如 Bendersky 等人[27]给查询中的每个词赋予一定的权重，并且使用一些基于统计的特征训练一个 MRF(马尔科夫随机场)模型来进行主题词与修饰词的检测。但是此方法需要一个大规模的标注文本集合，更重要的是，他们的方法并不能显式地检测主题词与修饰词的关系。

- 主题词、非限定性修饰词以及限定性修饰词的检测问题需要额外的知识库系统支撑。本章意在设计一种通用的机制，而不是针对某个特定领域的机制来检测主题词与修饰词。一些现有工作将一个查询分类到某一个预定义的分类系统(taxonomy)[151,99,76]中，然后将所属类别判定为这个短语的主题词。但是这类方法的有效性有局限性，尤其在其覆盖率与分类系统的粒度上。例如，查询如"job search"和"job interview"同属于"job"这个类别，但是它们的查询意图却是完全不同的。另外有一些工作尝试在一些特定领域里，将查询匹配到一些特定模板中，从而推导出查询意图[92,4]。此外，还有一些工作尝试挖掘实体-属性关系[129,130,3]，而不是主题词与修饰词关系。它们的性能取决于每个领域的实体-属性种子对。对比而言，本章所尝试解决的问题范围更大、主题词与修饰词的关系更加通用。

为了能够处理充满噪声的、具有歧义的、稀疏的文本输入，需要如下额外知识系统：

1)实体级别主题词-修饰词知识。这种知识能够让机器知道，当"smart cover"和"iphone 5s"同时出现时，不管它们的顺序如何，"smart cover"都是主题词，而"iphone 5s"是限定性修饰词。

2)概念知识。机器需要知道"smart cover"是一种 accessary，而"iphone 5s"是一个 device。

3)概念级别主题词-修饰词知识。机器需要知道当 accessary 和 device 同时出现时，device 是限定性修饰词，而 accessary 是主题词。

本章所提出的主题词与修饰词检测方法旨在导出如下形式的概念级别主题词-修饰词模式：

$$(\text{concept}_{[\text{head}]}, \text{concept}_{[\text{modifier}]}, \text{score}) \tag{5.1}$$

以下为一个可能的实例：

$$(\text{accessary}_{[\text{head}]}, \text{device}_{[\text{modifier}]}, 0.9)$$

在这个例子中，它表明了当一个 accessary 和一个 device 同时出现在一个短文本中，accessary 非常有可能是主题词，而 device 是修饰词(可能性值为 0.9)。有了这些知识，对于任何一个输入，机器可以决定在这个知识库中哪些模式能够匹配输入。最终，使用这些模式和它们对应的分数值，机器可以推导出输入中最可能的主题词与修饰词。

在这个问题中有 3 个主要的挑战。首先，构建的这个知识库要有足够大的覆盖率，以处理各种可能的输入。例如，在式(5.1)中，主题词概念和修饰词概念是在一个预定义的、细粒度的、包含数百万概念的概念空间中。其次，要尽量避免导出冲突的模式。即要尽量避免一个模式定义 device 是主题词，accessary 是修饰词，而另外一个模式定义相反的情况。然而，由于这些模式是从相互独立的实体中导出的，因此这种不一致性不可完全避免。因此需要设计一个精细的概念化过程来减少冲突的模式。最后，如上文所提到的，需要将限定性修饰词与非限定性修饰词区分开，这是非常重要的。直观而言，一些主观性较强的词汇，如"best"、"top"、"well-known"、"popular"是非限定性修饰词（即纯修饰词），它们经常是在所有领域通用的。基于这些观察，本章从一个现有的知识库中构建了一个修饰词网络，并使用中介性核心性（betweenness centrality）来挖掘纯修饰词。

　　本章所提出的模型是首个针对一般的、开放领域的短文本进行主题词、非限定性修饰词与限定性修饰词检测的无监督的方法。本章所描述的方法已经在 Bing 搜索引擎和广告系统中使用。以下是本章贡献的总结：

- 介绍了一种无监督的、开放领域的针对主题词、非限定性修饰词与限定性修饰词进行检测的机制。相比之下，现有工作需要大量标注数据，并且通常是领域相关的。
- 构建了一个概念模式知识库，为主题词-修饰词关系在概念级别进行建模。将实体级别的主题词-修饰词关系（如"smart cover"是主题词而"iphone 5s"是修饰词）提升至概念级别（如 accessory 是主题词而 device 是修饰词）。这个概念模式知识库具有强大的概括能力。
- 这种针对主题词、非限定性修饰词与限定性修饰词的检测机制是轻量级且高效的。这个概念模式知识库的规模非常小，但是具有强大的概括能力。这使得它能够即时处理上百万的开放领域短文本。

　　本章组织如下：5.2 节描述整体框架；5.3 节寻找非限定性修饰词；5.4 节导出概念级别的主题词-限定性修饰词模式；5.5 节介绍针对短文本的主题词、非限定性修饰词与限定性修饰词的检测机制；5.6 节介绍相关工作；5.7 节为小结。

5.2　整体框架

　　图 5-2 描述了本章用于主题词、非限定性修饰词与限定性修饰词检测的整体框架。它包含两个离线组件，分别用于获得非限定性修

饰词和主题词-限定性修饰词概念模式；以及一个在线组件，通过使用这些离线获得的知识进行在线主题词、非限定性修饰词与限定性修饰词检测。

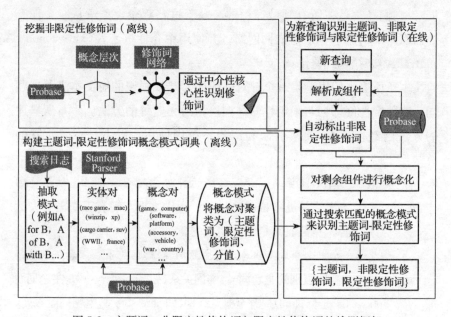

图 5-2   主题词、非限定性修饰词与限定性修饰词的检测框架

如上文所述，修饰词被分为两类：限定性修饰词和非限定性修饰词（或纯修饰词）。为了能够找到那些经常作为纯修饰词的词汇，构建了一个修饰词网络。例如，从"large developed country"、"developed country"和"country"中，可以导出可能的修饰词"large"和"developed"。在这个网络中，顶点表示主题词概念（如"country"）或者修饰词（如"large"和"developed"），边表示修饰关系。纯修饰词可以通过图论中一种被称为中介性核心性（betweenness centrality）的度量方式进行检测。更多细节会在 5.3 节中给出。

一个更具有挑战性的任务同时也是本章的主要关注点是在概念空间中识别出主题词-限定性修饰词模式。首先获得实体级别的主题词-限定性修饰词对如（race game[head]，mac[modifier]），然后将它们概念化到概念级别，得到主题词-限定性修饰词模式如（game[head]，computer[modifier]）。这个过程的细节会在 5.4 节中进行介绍。

　　使用获得的知识，可以进行短文本中的主题词、非限定性修饰词与限定性修饰词检测。首先识别并删除其中的纯修饰词，然后形成主题词-修饰词候选对，最后通过概念化将这些候选对匹配到概念级别的主题词-修饰词模式。这个过程能够允许机器识别出一些之前从未见过的主题词-修饰词实体对。更多细节会在 5.5 节中进行讨论。

5.3　非限定性修饰词挖掘

　　本节描述如何发掘那些经常作为非限定性修饰词（纯修饰词）的词汇。如上文所述，"top Seattle hotels"中的两个修饰词是不同的，"Seattle"是一个特定的限定性修饰词，而"top"是一个主观性较强的修饰词。在一些应用程序中，如搜索引擎，非限定性修饰词经常被忽略。此外，这些非限定性修饰词通常是通用的并且适用于各个领域。例如，"top"可以出现在"top movies"、"top books"和"top hotels"中。

　　基于主题词-修饰词的原则[72]，给定"large developed country"和"developed country"，可以推导出"large"是一个可能的修饰词⊖。此外，观察到左边的修饰词会比右边的修饰词更像是一个非限定性修饰词。例如，人们常常说"cheap red shoe"，而不是"red cheap shoe"。

　　因此，考虑使用大量短语词汇或者概念来挖掘非限定性修饰词。Probase 是一个很好的选择，因为：①它包含了 270 万个概念，包含了许多长尾概念如"large developing country"，这些长尾概念包含了许多非限定性修饰词；②它是跨领域的。

　　整个挖掘过程如下：

　　1）基于上述观察构建修饰词网络。

　　2）在修饰词网络中计算每个顶点作为非限定性修饰词的分数。

　　⊖　但是这个也并不是完全成立。例如，"hot dog"中的"hot"就不是修饰词。解决办法是注意到"dog"属于动物这个概念，而"hot dog"是输入"snack"或者"quick food"这些概念。因此，整个非限定性修饰词的检测会限定在每个概念聚类中。

我们使用一个例子来阐述整个非限定性修饰词的挖掘过程。考虑图 5-3a 中的概念层次，它是关于 country 这个概念领域下的层次树。其中每一个结点是一个概念，每一条边都带有修饰词标注，表明由此修饰词所引申出的概念。然后，将图 5-3a 转换为图 5-3b。在这个过程中，保留根结点概念不变，然后将每一条边转为一个新的结点。那些具有相同标注的边会映射到同一个结点上。这个新的网络称为"修饰词网络"（modifier network）。通过这样的转换，基于概念聚类构建出许多修饰词网络。

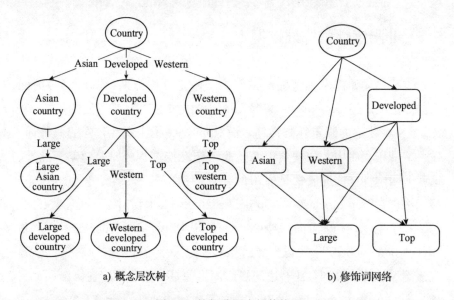

a) 概念层次树　　　　　　　b) 修饰词网络

图 5-3　挖掘非限定性修饰词

然后在这些修饰词网络中，需要对这些结点计算其作为非限定性修饰词的可能性分数。根据定义，如果一个词是非限定性修饰词，那么它总是非限定性修饰词，与它的上下文无关。相比之下，主题词和限定性修饰词取决于它们的上下文，这意味着同一个词在有些时候是主题词，在另一些时候可能是限定性修饰词。因此，主题词和限定性修饰词有可能是一些修饰词网络中的中间顶点，而非限定性修饰词则通常不会是中间顶点。这使得非限定性修饰词有较低的核心性（centrality）。通常，度（degree）和中介性（betweenness）是衡量一个结点核心性的方法。相比于基于度的方法，中介性核心性可以基于途径通过性，全局地衡量一个结点的核心性。因此，本章使用中介性核心性来决定一个修饰词是不是一个非限定性修饰词。

关于一个顶点 v 的中介性核心性定义如下：

$$g(v) = \sum_{s \neq v \neq t} \frac{\sigma_{st}(v)}{\sigma_{st}} \tag{5.2}$$

其中，σ_{st} 是从顶点 s 到顶点 t 的最短路径总数，而 $\sigma_{st}(v)$ 是这些路径中通过顶点 v 的路径数量。在每个修饰词网络中，基于此中介性核心性再进行规范化：

$$\mathrm{NL}(g(v)) = \log \frac{g(v) - \min(g)}{\max(g) - \min(g)} \tag{5.3}$$

然后将所有修饰词网络进行聚集计算，就可以得到针对一个词 t 的纯修饰词分数值：

$$\mathrm{PMS}(t) = \sum \mathrm{NL}(g(t)) \tag{5.4}$$

最后，为所有修饰词网络中的每一个词都计算一个纯修饰词分数值，然后将它们按照此分数值进行排序。一个词的分数值越小，那么这个词越有可能是一个非限定性修饰词。

5.4　限定性修饰词挖掘

本节描述如何发掘概念级别的主题词-限定性修饰词模式。

5.4.1　Probase：一个大规模的 isA 知识库

本书使用了一个大规模的 isA 知识库系统 Probase⊖[166] 来概念化实体级别的主题词-修饰词对到概念级别。

Probase 是一个包含词组的大规模网络。其中，一个词可以是实体（如"Barack Obama"），也可以是概念（如"USA President"）。在这个

⊖　Probase 的数据可以在 http：//probase. msra. cn/dataset. aspx 下载。

网络中，还有许多其他类型的顶点，包括属性、动词、形容词等。但是这些类型不是本章关注点，所以不做过多讨论。本章所使用的 Probase 包括 270 万个概念和 4000 万个实体。因此 Probase 提供了一个巨大的概念空间，它能够覆盖世界上各种概念。

Probase 中的词组通过各种关系关联起来。本章主要关注其中的 isA 关系（虽然 isPropertyOf 关系对于概念化也很重要）。isA 关系存在于实体和概念之间（如"Barack Obama" isA "USA President"），或子概念和父概念之间（如"USA President" isA "Celebrity"）。用 e 表示一个实体，c 表示一个概念，则它们的关联程度可以用如下方式进行衡量：

$$P(e \mid c) = \frac{n(e,c)}{n(c)}, \quad P(c \mid e) = \frac{n(e,c)}{n(e)} \tag{5.5}$$

其中，$n(e, c)$、$n(c)$ 和 $n(e)$ 分别表示 e 和 c 共同出现的次数、c 单独出现的次数和 e 单独出现的次数。

这些关联权重有如下的直观含义。概率值 $P(e \mid c)$ 表示给定一个概念 c 时，e 有多么典型；而 $P(c \mid e)$ 表示给定 e 时，c 有多么典型。例如，仅仅知道"poodle"（贵宾犬）和"pug"（哈巴狗）都属于狗类有时并不够。可能还需要知道"poodle"是一种比"pug"更加流行的狗，即当人们谈论起狗的时候，听众更容易想起"poodle"的形象。这些信息对于人类语言理解而言是至关重要的。在 Probase 中，可以通过 $P(\text{poodle} \mid \text{dog}) > P(\text{pug} \mid \text{dog})$ 来进行捕捉。

5.4.2　实体级别主题词-修饰词

为了能够在概念级别对主题词-修饰词关系进行建模，首先取得大量实体级别的主题词-修饰词关系。虽然对于机器而言，它们很难从查询"iphone 5s smart cover"或"smart cover iphone 5s"中直接识别出主题词和修饰词，但是相同的查询意图会通过其他形式表达出来，如"smart cover **for** iphone 5s"。在这种形式中，很显然"smart cover"是查询意图。这就提供了相关的证据，表明当"smart cover"和"iphone 5s"同时出现时，"smart cover"更有可能是主题词，即使它们之间并没有使用介词

"for"来进行连接。

由此可见，介词提供了一个发现主题词和修饰词的重要角色[72,143]。通过评估一系列的介词，最终挑选了"for"、"of"、"with"、"in"、"on"、"at"等 6 种介词来帮助发现主题词和修饰词。当词 A 和词 B（如"A for B"，"A of B"，"A with B"）使用这些介词连接时，通常词 A 是主题词，词 B 是限定性修饰词。因此可以使用如下的语法模式来从搜索日志中抽取出（A，B）：

$$\{\text{head } [\text{for} \mid \text{of} \mid \text{with} \mid \text{in} \mid \text{on} \mid \text{at}] \text{ modifier}\}$$

为了保证抽取正确，Probase 被当成一个字典来进行词组识别，即主题词和修饰词必须是 Probase 中的词组。虽然 Probase 包含词量很大，但显然仍然会有一些词不被其包含。不过这并不是一个大问题，因为最终目标是寻找到概念级别的主题词-限定性修饰词模式，而 Probase 已经提供足够多的实体来帮助导出这些概念。

5.4.3　概念级别主题词-修饰词

从上述方法中获得的实体级别的主题词-修饰词关系，可以进一步导出概念级别的关系。这样可以抽象建模以覆盖更多实体级别的关系。这个过程需要依赖概念化。在相关工作中，上下文依赖的概念化[90]集成了 LDA 到概念化中。不过由于其覆盖率和可扩展性较差，它并不适用于本章的场景。通常而言，一个好的模型要在复杂性和精确性中进行权衡。本章所提的基于语义的方法提供了一个精确同时又具有较强抽象能力的模型。

1. 概念化层级

一个实体可能会匹配到许多概念上，有些概念非常具体，而另外一些则非常抽象。因此，在匹配一个实体对，如（smart cover, iphone 5s），到一个概念对的时候，有两种极端的方式。首先，可以映射到它自己，也就是说，将"smart cover"和"iphone 5s"当成一种概念。但是这种映射不具有抽象能力，也就是说，它只能覆盖它自己，而不能覆盖到其他实体对。其次，可以将其映射到（object，object）。"object"是一个基本概念，所有的实体都会属于这个概念。但是这种映射也是没有意义的，因为它不能够将主题词和限定性修饰词区分开来。

一个更加具有挑战性的问题是，将"skype for windows phone"映射到（company[head]，device[modifier]），将"iphone 5s for verizon"映射到（device[head]，company[modifier]），它们看起来都是正确的，但是这样的结果模式却导致了冲突：当 company 和 device 一同出现时，第一个模式说 company 是主题词，而第二个模式说 device 是主题词。显然，这样的映射有些太过抽象，或者说太粗粒度了。

因此，概念化的原则包含两个方面。首先，必须避免概念太过具体，因为太过具体的概念的抽象能力较差。此外，太过具体的概念也会导致产生大量概念级别的主题词-修饰词模式，从而削弱概念模式的优势。其次，必须避免概念太过抽象。过于抽象会导致许多冲突的模式，因为它们的表达能力超过了适当的范围。

2. 概念化实体

现在展示如何将一个单个实体映射到一组合适的概念上。如图 5-4 所示，从一个实体 e，通过加权的 isA 关系边，可以到达 e 的概念 $C = \{c_1, \cdots, c_n\}$。每条边表示的是给定 e 后 c_i 的典型性值，以及给定 c_i 后 e 的典型性值。

选择概念的一个标准是，给定一个词 e，必须同时考虑其映射的概念的抽象性和具体性。考虑如下四种可能的方式来映射 e 到 c：

1）映射 e 到 c_i，如果 $P(c_i \mid e)$ 是在 top k 中。

2）映射 e 到 c_i，如果 $P(e \mid c_i)$ 是在 top k 中。

3）映射 e 到 c_i，如果 $P(c_i \mid e)P(e \mid c_i)$ 是在 top k 中。

4）映射 e 到它自己，如果 e 本身是一个概念。

前两种方法不是很好，因为那些 $P(c \mid e)$ 值太高的概念可能会过于抽象。例如根据 $P(c \mid e)$ 排序的"iphone"的概念，排在前列的是 product、device 等。这是因为抽象的概念出现得更加频繁。另外，那些拥有较高 $P(e \mid c)$ 值的概念可能会过于具体，这是因为当一个概念 c 包含较少数量的实体时，它的 $P(e \mid c)$ 值会更大。例如，根据 $P(e \mid c)$ 排序的"iphone"的概念，排在前列的是 finger-friendly touchscreen phone、apple's mobile device 等。在综合考虑抽象性与具体性后，第三种方法是一个不错的选择，也就是说，将 e 映射到那些 $P(c_i \mid e)P(e \mid c_i)$ 比较大的概念上。直观而言，这个分数值是一种 2 步随机游走（random walk）的概率值，它从 e 出发，再经过 c_i 返回到 e。这个值越大，显示了在整个数据集合中，c_i 和 e 是非常近的。

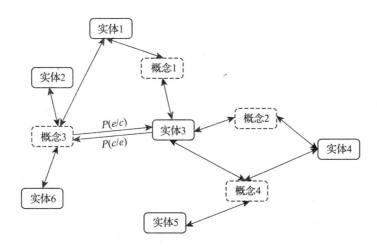

图 5-4　在 Probase 语义网络上的随机游走

第四种方法是一种特殊的情况，值得仔细考虑。一个实体 e 也有可能本身就是一个概念，而且有时候它已经是一个最合适的概念。例如，当 $e =$"company"，第三种方法可能映射到概念"organization"，甚至是"object"。而这样的概念太过模糊。另一方面，如果 e 是一个非常具体的概念，如 $e =$"small IT company"，那么使用第三种方法将 e 映射到"IT company"或"company"是合理的。理想状况下，这种情况下的概念化需要保持那些已经覆盖一定数量实体的概念。在本工作中，使用了概念的熵值（entropy）来作为一个指示变量：

$$H(c) = -\sum_{e\text{是}c\text{的一个实体}} P(e \mid c)\log P(e \mid c) \tag{5.6}$$

直观上，一个概念如果包含很多同等重要的实体时，它的熵值会比较大。对于这样的概念，直接映射到它自己。例如，概念"device"有较大的熵值（7.54），而概念"recording device"则有一个较小的熵值（1.67）。具体而言，在满足如下所有条件时匹配 e 到它自己：①e 是一个概念；②对于 e 的每一个父概念 $H(e)>H(c)$；③e 的出现次数大于一个阈值（如果 e 非常稀少，则 $H(e)$ 值没有意义）。

归纳起来，映射一个实体 e 到一组概念 C 上包括如下情况。如果 e 是一个满足上述条件的概念，则 $C=\{e\}\bigcup \text{top}_{k-1}(e)$，否则 $C=\text{top}_k(e)$。其中，$\text{top}_k(e)$ 是使用上述第三种方法所取得的 top-k 个概念。对于任意 $c_i \in C$，它都对应一个分数值 $\text{CS}(e,c_i)$：

$$\text{CS}(e,c_i)=\begin{cases}1 & c_i=e\\ P(c_i\,|\,e)\cdot P(e\,|\,c_i) & c_i\neq e\end{cases} \tag{5.7}$$

3. 概念对

为了能够将一组实体级别的主题词-修饰词对映射到一组更小的概念级别的主题词-修饰词模式上，首先分别概念化实体级别的主题词和修饰词，然后再将它们合并成概念级别的主题词-修饰词模式。

然而，如何完成这种合并并不是一个简单的任务。例如，词"apple"可以概念化到"fruit"和"company"。因此，"CEO for apple"会导致两种可能的概念对：（corporate officer，company）或（corporate officer，fruit）。显然，（corporate officer，fruit）是错误的。这意味着不应该将每个主题词-修饰词对独自概念化。对于上述例子，有许多相似的查询，如"CEO for Microsoft"和"CEO for IBM"。这些查询会进一步支持（corporate officer，company），而不是（corporate officer，fruit）。换言之，通过聚集不同的查询，能够提供消除歧义的能力。

具体而言，对于每一个实体级别的主题词-修饰词对，将它们的主题词和修饰词先独自概念化。然后合并所有可能的概念化结果，对所有得到的概念化对 (c_i,c_j)（其中，c_i 是主题词概念，c_j 是修饰词概念），通过如下公式进行合并排序：

$$\text{Score}(c_i,c_j)=\sum_{u,v}\text{CS}(e_u,c_i)\cdot\text{CS}(e_v,c_j)\cdot\log N(e_u,e_v) \tag{5.8}$$

其中，$\text{CS}(e,c)$ 是 e 映射到概念 c 时的分数值（在式（5.7）中定义），

$N(e_u, e_v)$是实体对(e_u, e_v)的查询次数。这里对 $N(e_u, e_v)$取对数的
目的是防止查询次数过大而导致对最终分数的过度影响,这确保了那些
有大量实体对支持的概念对能够排序更高。而那些由于歧义所导致的错
误的概念对则只有较低的分数,并且能够被进一步过滤掉。

除了歧义性,这一过程中还可能存在相似概念对的问题。因为 Pro-
base 包含大量概念,有些概念非常相像,如"country"和"nation"。Li 等
人[102]提出 k-Medoids 聚类算法来对这些概念进行聚类。本书也借用了
其聚类结果来对概念对进行聚类。

5.5　主题词与修饰词检测

本节描述如何使用获得的概念模式从短文本中检测出主题词与修饰词。

5.5.1　解析

给定一个短文本,首先将其中能够识别的所有词给识别出来。这一
过程使用 Probase 作为一个词典。在解析过程中,如果一个词是另外一
个词的子串(如"New York"和"New York Times"),则选择最长的那个
词⊖。然后将其中的非限定性修饰词移除。对于剩余的词,首先将它们
根据语义聚类成组件,这样,每一个组件包含了一些相同语义的词。这
样做有两个原因。首先,一些短文本如"apple ipad microsoft surface",
包含了多个主题词(即用户想要比较两个产品)。其次,聚类成组件可以
减少概念化所产生的概念候选对的数量。在上述例子中,它包含了 4 个
词:"apple"、"ipad"、"microsoft"和"surface",但是只有两个组件,即
{apple, microsoft}和{ipad, surface}。第一个组件是关于 company,而
第二个组件是关于 device。从解析的词到聚类为组件可以通过发现其中
不相交的团(clique)来实现[153]。

⊖　如果最长的词是一个非常少见的词,则也会同时考虑较短的那个词。

假设最终有 k 个组件留下。如果 $k=1$，则直接返回这个组件作为短文本的主题词。因此下面将着重讨论 $k=2$ 以及 $k>2$ 的情况。在多数情况下，一个组件只包含一个词，因此，为了表述方便，下文的讨论中使用单个词来表示一个组件。

5.5.2　针对两个组件的主题词-修饰词检测

考虑一个短文本中包含两个组件"smart cover"和"iphone 5s"的情况。图 5-5 展示了整个主题词-修饰词检测过程。

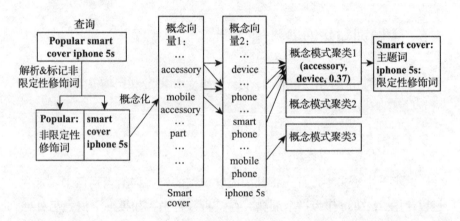

图 5-5　针对包含两个组件的短文本进行主题词-修饰词检测过程

在这个过程中，首先将"iphone 5s"概念化到{mobile phone，smart phone，phone，device，…}，将"smart cover"概念化到{mobile accessory，accessory，part，…}。每一个（词，概念）对 (e, c_i) 都关联着一个由式(5.7)计算而来的分数 $CS(e, c)$。

然后，在获得的概念模式知识库中进行搜索，找到匹配，如(accessory，device)，每一个概念模式也都关联着一个由式(5.8)计算而来的分数值。

将这些分数值进行聚集来识别其中的主题词与修饰词。对于组件 t_1 和 t_2，如果 $f(t_1, t_2)>f(t_2, t_1)$，则认为 t_1 是主题词而 t_2 是修饰词。其中 $f(t_1, t_2)$ 定义如下：

$$f(t_1,t_2) = \sum_{c_1,c_2} CS(t_1,c_1) \cdot CS(t_2,c_2) \cdot Score(c_1,c_2)$$

$$其中\quad \mathrm{CS}(t,c) = \sum_{e_i \in \mathrm{comp}} \mathrm{CS}(e_i, c) \qquad (5.9)$$

概念上而言，上述公式将来自概念模式的证据进行聚集，然后决定哪个组件更有可能是主题词组件。

5.5.3 针对两个以上组件的主题词-修饰词检测

如图 5-1b 所示，大量的搜索查询包含多于两个组件。为了解决这个问题，首先使用上述过程来检测任意两个组件之间的主题词-修饰词关系。然后，将查询表示成一个有向图，其中的顶点表示组件，而有向边表示组件间的主题词-修饰词关系。每一条边的方向是从修饰词指向主题词。图 5-6 给出了两种具体情况的例子。

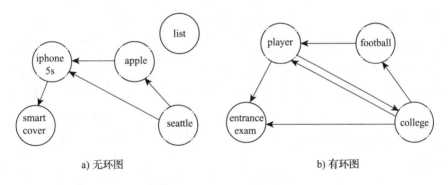

a) 无环图　　　　　　　　　　　　b) 有环图

图 5-6　根据主题词-修饰词关系构建的组件有向图

在这个有向图中，那些出度为 0 的顶点显然表示的是主题词。如果这个图是无环图，则可以找到一组路径序列，从修饰词到主题词。在图 5-6a 中，有两条这样的路径：smart cover←iphone 5s←apple←seattle 和 smart cover←iphone 5s←seattle。每一条路径序列描述了这些词之间的修饰关系。通过修饰词与主题词在路径上的远近关系，可以对这些修饰词进行排序。排序越低的词，它作为修饰词的重要性也越低。在这个图中，还可能有一些孤立的组件，如组件 list，它没有与任何其他组件关联。这是因为它与其他任何组件之间都没有主题词-修饰词关系，或者是挖掘出来的概念模式知识库中遗落了一些概念模式。对于这样的组件顶点，仍然可以当成主题词，因为没有任何其他证据证明它们是修饰词。

在一些极端情况下，这个有向图可能会包含环，如图 5-6b 所示。环通常是由那些有歧义的主题词-修饰词关系导致的。例如，在"college football player"中，可以得到修饰关系"player←football←college"。然而，对于实体对（college，player）而言，可能映射到两种概念模式上，即 player←college 和 college←player，前者的查询意图是寻找"player"，而后者的查询意图是寻找"college"。对于这样的有环图，可以通过下面的方法来移除环：

- 根据式(5.9)，每一条边都关联着一个权重，可以将权重最低的边移除，从而消除环。
- 如果在有环图中有一个很明显的主题词顶点，而其他整个环都用于修饰这个主题词，则将整个环作为一个修饰词。

因此，在上述例子"college football player"中，可以将权重最低的边 college←player 移除。通过消除其中的环，就可以知道"player"是主题词，而"college"和"football"是修饰词。另一方面，如果查询是"college football player entrance exam"，则整个环都用于修饰"entrance exam"（如图 5-6b 所示），则主题词是"entrance exam"，而这个环是它的修饰词。

显而易见，本节所提出的主题词-修饰词检测方法并不依赖于词之间的相对位置。这使得该方法能够对短文本（如查询等）十分有效，因为这些短文本通常都不会遵守语法规则。

5.6 相关工作

大部分查询意图检测方法基于查询主题分类[151,99,76]。在 KDD Cup 2005 上，其任务是将查询分配到 67 个类中[103]。这些方法通常都没有很好的覆盖率，因为它们都受限于目前已有的分类系统。另一个问题是当前的分类系统的粒度并不能很好地适应查询意图检测的粒度。例如，

"job search"和"job interview"都属于"job"这个类别，但是它们却有不同的查询意图。

Bendersky 等人[27]尝试通过给查询中不同词赋予不同的权重来解决这个问题，但是如实验中所述，效果并不理想。查询重写也与查询意图检测关系密切。Kumaran 等人[83]通过删除查询中较不重要的词，将一个长的查询转成短的查询。这样做的理由是，短查询通常歧义较小，查询频度更高，并且搜索引擎和搜索广告系统都非常善于处理这类查询。另一方面，长查询的出现次数通常较少，更有可能包含具有歧义的词，并且对于搜索引擎而言也更难处理。这两种方法都定义了一些特征来给词赋予权重，或者基于统计信息对子查询进行排序。在前一种方法中，作者定义了 uni-grams 和 bi-grams 作为"概念"，并且收集这些概念在文档、Wikipedia 标题和 Google n-grams 中的频度作为特征。他们使用线性模型将这些特征组合起来作为查询中概念的权重。然后，他们构建了一个依赖于概念权重的模型来进行信息检索。然而，在他们的工作中"概念"只是查询中的词，并不是实际意义上的抽象概念。在后一篇论文中，作者实现了多种特征来预测查询的质量，如两个词之间的交互信息、查询清晰度(也就是查询模型和采集模型之间的 KL 距离)等。然后，作者使用 Rank SVM 基于这些特征来训练一个分类器，为子查询学习一个排序函数。这两种方法都基于词统计特征来为词赋予权重，因此需要大量的文本集合以及标注数据。然而，这些特征与词的含义并不相关，因此这些特征并不能决定词之间的主题词-修饰词关系。相反，本章的方法使用了语义特征(即概念模式)。这些特征能够显式地解释主题词-修饰词关系。

近年来，还有一些工作通过将词匹配到一些模板中来识别查询意图[92,4,40]。Li 等人[92]使用语义和语法特征将查询分解为意图主题词和意图修饰词。他们考虑了属性名作为意图主题词，属性值作为意图修饰词。然而，他们需要一个主题词和修饰词的词典，并且这些属性名和属性值只能适用于特定领域。Cheung 等人[40]将查询进行聚类，然后为每个领域构建模式，从而解决依赖于领域的结构化搜索。Chang 等人[4]提出了一种精细的基于前向和反向随机游走的概率推导框架，来为每个领域构建查询模板。虽然这些工作和本章方法都是解决寻找查询中各个词之间的关系，但是他们的方法更关注于将查询映射到一个特定领域的特定模板中。相反，本章的方法旨在找寻通用的主题词-修饰词关系，使其能够处理所有的查询，而不是特定领域里的查询。

还有一些工作[129,130]使用包含介词"for"、"of"的语法模式来进行属性抽取。显然，属性是可以用于定义主题词-修饰词关系的。但是主题词-修饰词关系却不仅仅局限于实体-属性的关系。例如，在"movie review"、"side effect for drug"中，review 和 side effect 并不是 movie 和 drug 的属性。主题词-修饰词关系更加宽泛一些，如"game for girls"、"accessory for vehicle"等。在本章所提方法中，使用了概念之间的语义关系来为主题词-修饰词关系建模。另有一些工作尝试挖掘所有实体对之间的特定关系，如 Agichtein 等人[3]发现一些特定的模板，如"ORGANIZATION 's headquarters in LOCATION"。这些模板需要一些种子实体对来产生。这类方法与本章方法最大的区别在于，本章方法是在概念级别对这些关系进行建模的。

5.7 小结

短文本理解是一项重要且富有挑战性的任务。它可以应用于许多不同的应用，包括搜索相关性、广告关键字选择、查询扩展/重写/分类等。在短文本意图理解中，最关键的步骤之一就是正确地识别短文本中的主题词与修饰词。本章介绍了一种基于语义的方法进行主题词、非限定性修饰词，以及限定性修饰词的检测。这种方法首先通过无监督学习的方式获得大量实体级别的主题词-修饰词关系，然后将它们"提升"到概念级别，从而导出一个抽象而精确的模型来为所有领域的短文本进行主题词-修饰词关系检测。丰富的实验结果展示了本章方法在识别短文本中的主题词和修饰词中取得了不错的效果。并且，本章方法可以直接应用于两个短文本之间的语义相似度值计算。因为在识别出短文本中的主题词和修饰词关系后，可以为它们赋予不同的权重。

　　不过，仍然有许多问题有待未来解决。针对非限定性修饰词的挖掘，目前本书使用了 Probase 中的概念空间。然而，这也可能引入 Probase 的偏向性。如何使用一种更加精妙的方法来解决非限定性修饰词的挖掘和使用(而不是简单地删除非限定性修饰词)是一个非常有意思的研究课题。此外，如何更加巧妙地解决冲突实体对和冲突的概念模式，是本章所提框架中一个非常重要的待解决问题。最后，识别出那些未见过的实体并将其映射到合适的概念模式上，可以进一步提高本章方法的覆盖率和识别效果。

第6章 ‖

基于概念化的词相似度计算

计算两个词之间的相似度对很多与文本分析理解相关的应用至关重要。目前,这一任务主要有两种解决方法:基于知识的方法和基于文集的方法。然而,这些方法主要应用在单词之间的语义相似度计算,无法扩展到由多个单词组成的多词表达式或文本。针对此问题,本章提出一种基于大型语义网络的词相似度计算方法。该语义网络基于十亿级的网页文本创建,包含百万级的概念。本章首先阐述如何将两个词映射到概念空间,进而介绍一种概念聚类的方法,该方法可提高相似度度量的准确性。本章列举大量实验以证明本章提出的方法可以准确度量包含歧义的长词的相似性。实验结果表明,该方法不仅在皮尔逊相关系数的度量准确性上优于12种基准方法,而且能更加高效地在大规模数据集上计算词语义相似度。

6.1　引言

计算词语义相似度是词汇语义研究[24]的一个基本问题,且与多个关于网页文本搜索和理解的应用[167,68]息息相关。所谓的词,既指单个单词，又包含由多个单词组成的多词表达式。所谓的词语义相似，指两个词具有相近的含义，或它们代表的概念具有类似的属性。例如，"Google"和"Microsoft"语义相似，因为二者都是软件公司。另一方面，"car"和"journey"的语义却不相似但相关，因为"car"是"journey"这一活动的某一交通手段。具体而言，语义相似度由词在 isA 关系网中的距离来度量。如图 6-1 所示，"car"和"journey"在 WordNet[107] 的 isA 语义网中距离较远。相比于相关度而言，语义相似度是一种更加具体且更难度量的关系。

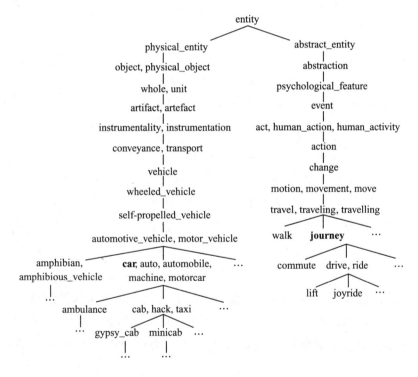

图 6-1　WordNet 中描绘" car "和" journey "语义距离的一部分

　　关于词相似度度量的最新方法可被分为两类：基于知识的方法和基于文集的方法。基于知识的方法依靠人工资源作为相似度比较的语境，如辞典、分类架构和百科全书。在这一领域更多的方法[136,131,2] 使用 WordNet 中的 isA 语义关系网。基于文集的方法通过文集获取词的语境。文集可以是任何网页文本、搜索记录和其他形式的文本。

　　然而，上述两种方法都有不足之处。基于知识的方法的缺点在于分类架构（如 WordNet）有限的覆盖率。经历 40 年的发展，WordNet 的最新版本（3.0）包含 155287 个单词、117659 个同义词集合和 206941 对单词-词义关系。即便如此，仍有许多名词（如 Google 和 Microsoft）和词义（如 Apple the company 和 Jaguar the car make）尚未包含。WordNet 的另一不足在于它主要包含单词，而只包含少量多个词组成的词组和表达式。例如，它不包含"General Electric"或"emerging markets"。因此，基于 WordNet 的方法无法计算这些未知词的相似度。在当今快速发展的世界，人工创建的词汇数据库（如 WordNet）的更新无法跟上人类语言新词汇产生的节奏。

　　基于文集的方法也面临诸多严峻的问题。首先，这些度量方法因搜索引擎的索引排序机制而存有偏见。例如，当在 Google 查询"data"或"range"时，前 100 条记录都不包含"fruit"（date 的一个含义）或"cooking stove"（range 的一个含义），因为这些都是词的稀有含义。根据这样的搜索结果，基于文集的方法会认为"Asian pear"和"date"几乎没有共同之处，其次，基于搜索结果的相似度度量方法需要较高的通信和索引耗时，因而不适用于在线应用。再次，基于单词或 n-gram 的统计分布忽略了以下事实：①语义单元可能是多词表达式，而不仅仅是单词和 n-gram；②很多单词和词组都包含歧义，如"apple"可能表示 fruit 或 company。因此，计算出的分布可能并不准确。最后，基于文献的方法侧重于词的周围语境或词与词的共现次数，而这些统计方法更适用于计算词的相关度而不是相似度。若用这些方法计算，"car"和"journey"会有较高的语义相关度得分，因为二者在网页文本中频繁共现。

　　本章提出一种快速有效地计算语义相似度的方法，该方法使用通过网页文本获取的大型 isA 关系网络。如下为词相似度计算结果示例：

- **高相似度（同义词）**：general electric 和 ge。
  表示同一实体的同义词应具有最高相似度得分。
- **高相似度（有歧义的词）**：microsoft 和 apple，orange 和 red。
  诸如 apple 或 orange 的单词具有多重词义。然而，当将 apple 与

microsoft 进行比较时，应为 apple 选取 company 这一词义而不
是 fruit。当将 orange 与 red 进行比较时，应为 orange 选取 color
这一词义而不是 fruit。因此，在计算词相似度时需默认对词进
行消歧。

- **低相似度（虽然在 WordNet 中具有相同上位词）**：music 和 lunch，
banana 和 beef。

  这两组词的词义虽不相关，但在 isA 关系网络中，music 和 lunch 可能
  同属 activity 这个概念，banana 和 beef 可能同属 food 这个概念。

- **低相似度（相关但不相似）**：apple 和 ipad，car 和 journey。

  相似度不同于相关度。比如，apple 和 ipad、car 和 journey 均相关
  但不相似。这是由于 ipad 是 apple 公司制造的电子产品，car 是实
  现 journey 这一活动的某一交通工具。它们属于不同概念。

本章方法的贡献如下：

- **本章的方法具有更好的覆盖率。** 该方法所使用的语义网络包含有
  远多于 WordNet 的上位词-下位词关系。不同于基于 WordNet
  的方法，该方法可以度量几乎所有的词组的相似度。

- **本章方法可产生更有意义的相似度度量。** 同基于文献的方法不
  同，该方法计算的相似度不同于相关度，且能够为词消歧，以去
  除不相关的词义所产生的噪声。

- **本章方法更为高效。** 该方法中最昂贵的聚类步骤可以离线完成，
  剩余的相似度计算步骤可以高效在线完成。该方法平均花费 65
  毫秒计算词相似度。

本章结构如下：6.2 节介绍 Probase 的基本情况及 isA 语义关系网络；
6.3 节描述基于 Probase 的词相似度计算方法；6.4 节提出词相似度计算方
法的进一步改进；相关工作和结论将分别在 6.6 节和 6.7 节给出。

6.2　语义网络和同义词集合

两个词的语义相似度可通过二者的语境相似度计算。本章方法所使

用的语境来源于一个大规模的概率语义网络 Probase[166]。Probase 包含概念、子概念和实体间的 isA 关系，表示为 Γ_{isA}。这些 isA 关系通过 16.8 亿的网页文本和两年的 Microsoft Bing 搜索日志获取。Γ_{isA} 中的信息以(c, e, W)的形式表示，其中 c 为上位词，e 为下位词，(c, e) 表示一对上位词-下位词关系，如(country, USA)。W 表示一个概率得分的集合。W 中的两项最重要的得分为典型度(typicality)$P(e \mid c)$，即 e 之于 c 的典型性；和 $P(c \mid e)$，即 c 之于 e 的典型性。这两项得分都通过频率估计，如下式：

$$P_{\Gamma_{isA}}(e \mid c) = \frac{N_{\langle c, e\rangle} \text{ in isA extraction}}{N_c \text{ in isA extraction}}$$

其中 $N(\cdot)$ 表示词之间的共现次数。例如，"Microsoft is a company"中"Microsoft"为实体 e，"company"为概念 c。本章将实体和概念统称为词。总而言之，Probase 具有如下特性：

- Probase 提供了一个非常大的概念空间，包括多达 270 万的概念。
- Probase 不是一个树状的分类架构，而是一个语义网络：一个实体或子概念可能隶属多个概念。例如，词 banana 同概念 fruit、tree 等概念均相连。其优点在于词之间的联系是基于数据的而不是人工标注的。
- 每对 isA 关系均附有条件概率 $P(e \mid c)$ 和 $P(c \mid e)$，即典型度得分。

在为两个词之间的相似度计算建模前，可以首先看看哪些词有相同的含义。直觉上，下列类型的词应具备较高相似度：

- **同义词**：ge 和 general electric；corporation、firm 和 company。
- **拼写方式不同但意思相同的词**：2d barcode 和 2d bar code。
- **单/复数词**：shoe 和 shoes。

本章方法通过两个步骤来解决这几种类型词的相似度，首先使用可用资源(如 Wikipedia 重定向、内部链接和 WordNet 中的同义词集合)将同义词分组。然后，通过编辑距离(edit distance)函数来度量词的距离：

$$d_{lex}(t_1, t_2) = \frac{\text{EditDistance}(t_1, t_2)}{\text{MaxLength}(t_1, t_2)}$$

如果 $d_{\text{lex}}(t_1, t_2) < \varphi$，则这对词具有相近的词表形式，将被分为一组。基于编辑距离的方法十分简便且结果与 φ 高度相关。φ 的值越小，产生的结果越准确。本节通过经验主义将 φ 值设定为 0.05。基于这一数值，鉴别同义词对的准确率可达 95%。

至此，所有同义词被分为同一聚类，类比于 WordNet 中的同义词集合。作为结果，词之间的 isA 关系被映射为同义词聚类之间的 isA 关系。下文将用 Γ_{ssyn} 表示词与其所属的词聚类之间的映射关系。当计算两个属于同一聚类的词的相似度时（如 general electric 和 ge），二者的相似度被赋予最高得分 1。

6.3 基本方法

本节描述计算词语义相似度的基本框架。简而言之，给出一对词 (t_1, t_2)，方法首先决定两个词的类型（实体或概念），然后获取二者的语境 T_{t_1} 和 T_{t_2}，最后两个词的相似度被计算为二者语境的相似度：

$$\text{sim}(t_1, t_2) = \text{sim}(T_{t_1}, T_{t_2}) \tag{6.1}$$

其中 $\text{sim}(\cdot)$ 表示语境相似度的计算函数。

6.3.1 类型判别

计算词语义相似度的一个基本步骤在于判别词的类型，即其属于概念还是实体。类型判别需要从语义网络获取如下数据：①概念和实体集合；②词之间的 isA 关系以及在文集中出现的频率。如果给出的词对存有 isA 关系，那么关系中的上位词被称作概念，下位词被称作实体。否则，每个词的类型被分别确定，即若某词在 Γ_{isA} 中作为上位词出现的概率比作为下位词的概率高，则其被鉴定为概念，反之则被鉴定为实体。上述类型鉴定方法可在文本语境未给出的情况下使用。倘若文本语境已知，则可以使用概念化[153]来判别词的词义。比如，通过"Apple，Microsoft and Google are World's most valuable brands"这一语境可以推出"apple，microsoft"这对词的概念为 company。这一概念化的方法在第 4 章已经讨论过。本章只考虑无文本语境情况下的词相似度计算。

6.3.2   语境表示

在本章的方法中，词的语境通过其类型以及在语义网络中的位置获取。如果词为概念，则它的语境为其包含的所有实体。如果词为实体，则它的语境为其隶属的所有概念。进而，语境被表示为向量 $\boldsymbol{I}_c$ 或 $\boldsymbol{I}_e$，向量中的每个维度为词与词之间的典型度得分。可见，该方法需要下述数据：①每个实体 e 所隶属的所有概念；②每个概念 c 所包含的所有实体；③每对实体概念的两项典型度得分（概念之于实体的典型度和实体之于概念的典型度）。

通过上述数据，向量 $\boldsymbol{I}_c$ 或 $\boldsymbol{I}_e$ 可被表示为：

$$\boldsymbol{I}_c = \langle w_{1'}, \cdots, w_{k'} \rangle \tag{6.2}$$

其中 $w_{i'} = p(e_i \mid c)$，$p(e_i \mid c)$ 为概念 c 之于实体 e_i 的典型度得分，即 e_i 在所有 c 包含的实体中有多么典型。

$$\boldsymbol{I}_e = \langle w_1, \cdots, w_k \rangle \tag{6.3}$$

其中 $w_i = p(c_i \mid e)$，$p(c_i \mid e)$ 为实体 e 之于概念 c_i 的典型度得分，即 c_i 在所有 e 隶属的概念中有多么典型。

6.3.3   语境相似度

两个语境的相似度通过相似度函数 $F(\cdot)$ 度量：

$$\mathrm{sim}(T_{t_1}, T_{t_2}) = F(T_{t_1}, T_{t_2}) \tag{6.4}$$

其中 $F(\cdot)$ 表示任一相似度计算函数，比如 cosine 相似度和 Jaccard 相似度。算法 6.1 罗列了基本方法的完整步骤。

算法 6.1　基本方法

输入：$\langle t_1, t_2 \rangle$：词对。

　　　Γ_{isA}：包含 IsA 关系的语义网络。

　　　Γ_{ssyn}：在 Γ_{isA} 中的同义词集合。

　　　maxD：最大迭代次数。

输出：$\langle t_1, t_2 \rangle$ 的相似度值。

1：**if** t_1 和 t_2 属于相同的同义词集合 Γ_{ssyn} **then**

2：设置 $\text{sim}(t_1, t_2) \leftarrow 1$，并且 return $\text{sim}(t_1, t_2)$；

3：**end if**

4：判断每个词的类型；

5：**if** $\langle t_1, t_2 \rangle$ 是一个概念对 **then**

6：根据式(6.2)，使用 Γ_{isA} 生成 t_i 的实体向量 $I_c^{t_i}$ $(i \in \{1, 2\})$；

7：根据式(6.4)，return $\text{sim}(I_c^{t_1}, I_c^{t_2})$

8：**end if**

9：**if** $\langle t_1, t_2 \rangle$ 是一个实体对 **then**

10：根据式(6.3)，使用 Γ_{isA} 生成 t_i 的概念向量 $I_e^{t_i}$ $(i \in \{1, 2\})$；

11：根据式(6.4)，$\text{sim}(I_e^{t_1}, I_e^{t_2})$；

12：**end if**

13：**if** $\langle t_1, t_2 \rangle$ 是一个概念-实体对 **then**

14：从 Γ_{isA} 中收集实体词 t_i 的 topK 个概念作为上下文 C_{t_i} $(i \in \{1, 2\})$；

15.**for** 每一个属于 C_{t_i} 的 c_x $(c_x \neq t_j, i \neq j, 1 \leqslant x \leqslant \text{top}K)$ **do**

16：迭代计算(迭代深度不大于 maxD)c_x 和 t_i 的相似度，并保存到 sim_{c_x}

17：**end for**

18：return $\max_{c_x \in C_{t_i}} \{\text{sim}_{c_x}\}$；

19：**end if**

6.3.4　讨论

初步度量表明上述基本方法在词相似度度量上表现良好，但对于包含歧义的词（如 apple 和 orange）结果差强人意。如表 6-1 所示，基本方法检测到（microsoft，apple）以及（apple，pear）较为相似，而（apple，

microsoft)和(orange，red)则不相似。这是由于 apple 和 orange 都具有
多重语义。表 6-1 展示了几个词中概率大于 0.05 的词义。从中可以看出
apple 和 orange 的主导词义为 fruit。当使用非主导词义进行相似度度量
时，结果有待提高。

表 6-1 歧义对相似度的影响(S.S. ＝相似度得分)

词对	S.S.	词	主要词义	概率
		microsoft	company	0.825
		google	search engine	0.525
			company	0.342
		apple	**fruit**	0.441
⟨microsoft，google⟩	0.993		company	0.235
⟨apple，pear⟩	0.916		food	0.104
⟨apple，microsoft⟩	0.378		tree	0.068
⟨orange，red⟩	0.491	pear	fruit	0.856
			tree	0.120
		orange	**fruit**	0.456
			color	0.293
			food	0.078
		red	color	0.926

6.4 改进方法

基本方法对于具有多重含义的词不够敏感。一个简单的解决方案是
使用已知的含有词义标签的知识库(如 WordNet)进行辅助。然而这些知
识库的词覆盖率十分有限。因而，本节提出一种改进方法。

给出一个词，定义概念语境为 Probase 中该词所隶属的概念集合。
改进方法使用概念聚类来实现自动语义消歧，从而排除无关的概念聚类
以实现算法优化。最终，两个词的语义相似度被定义为两个词的任意一
对词义的最高相似度。下文将详细介绍这一改进方法。

6.4.1　概念聚类

为自动识别词的多重语义，本节使用改进的 k-Medoids 方法对概念语境进行聚类，然后使用每个概念聚类中的中心概念来代表词的语义。k-Medoids 方法有以下优势。首先，k-系列聚类方法简单有效。其次，与 k-Means、k-Medians 或 k-Modes 方法不同，k-Medoids 可以得到准确的聚类中心，即每个聚类拥有一个已知概念代表其中心。

图 6-2a 展示了 apple 在 Probase 中的概念语境，图 6.2b 则描绘了概念聚类。每个聚类代表了一个词义。

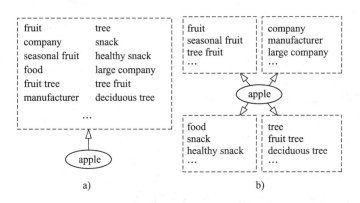

图 6-2　apple 的概念语境

下面将介绍距离度量和聚类方法。

1. 聚类方法

首先将两个概念的语义聚类定义如下：

$$d_{\text{sem}}(c_1, c_2) = 1 - \text{cosine}(\boldsymbol{I}_{c_1}, \boldsymbol{I}_{c_2}) \tag{6.5}$$

其中 $\boldsymbol{I}_{c_i}$ 表示 c_i 的实体分布，同式(6.2)中的定义相同。

本节所用聚类方法为修改版的 k-Medoids 聚类方法，通过实体分布将概念分组。好的聚类中心初始值对这一聚类的成功与否至关重要。因此，本方法使用 Moore[105] 所提出的算法来鉴别最优的初始化中心。首先，第一个 medoid(聚类中心)被从候选的概念点中随机选取。进而，下一个 medoid 按下式从现存的 medoids 中选取：

$$m = \{c_j \mid \max_{c_j}\{\min_i\{d_{sem}(m_i,c_j)\}\} > \alpha\} \tag{6.6}$$

其中 c_j 是第 j 个候选点，m_i 是第 i 个现存的 medoid，α 是初始 medoid 计数的阈值。整个过程重复至无法找到符合式(6.6)的 medoid。在这种情况下，在第 0 次迭代中将得到 k 个 medoid：$M^0 = \{m_1^0, \cdots, m_k^0\}$。显然，$\alpha$ 越大 k 越小。

对于在第 t 次迭代中得到的 k 个 medoid，每个候选概念被分配到最近的 medoid，即与 c_i 距离最近的 medoid m^*：

$$m^* = \text{argmin}_{m_j^t \in M^t} d_{sem}(c_i, m_j^t) \tag{6.7}$$

当所有候选概念被分配至对应的概念聚类，medoid 可被更新为最中心的概念点。为寻求此中心，一个聚类内词的平均距离被计算为：

$$m_i^{t+1} = \text{argmin}_{c_y \in K_i}\left(\sum_{c_x \in K_i} \frac{d_{sem}(c_x,c_y)}{|K_i|}\right) \tag{6.8}$$

整个聚类过程迭代至下式最小：

$$F(\boldsymbol{W},M) = \sum_{i=1}^k \sum_{j=1}^n w_{ij}d_{sem}(m_i,c_j) \tag{6.9}$$

其中 $w_{ij} \in \{0,1\}$，$\sum_{i=1}^k w_{ij} = 1$，$0 < \sum_{j=1}^n w_{ij} < n$，$k(<n)$ 为已知中心数，n 为聚类中的概念数。$\boldsymbol{W} = [w_{ij}]$ 是一个 $k \times n$ 的二元矩阵，$M = [m_1, \cdots, m_k]$ 表示聚类 medoids 的集合，m_i 表示第 i 个聚类的 medoid。

式(6.8)被用来计算 medoid 集合 M。M 确定后，使 $F(\boldsymbol{W},M)$ 最小化的 $\boldsymbol{W}$ 为：

$$w_{ij} = \begin{cases} 1 & \text{如果 } d_{sem}(m_i,c_j) < d_{sem}(m_h,c_j) \\ & (1 \leqslant h \leqslant k, h \neq i) \\ 0 & \text{其他} \end{cases} \tag{6.10}$$

收敛条件为 $F(\boldsymbol{W}^t, M^{t+1}) - F(\boldsymbol{W}^t, M^t)$ 小于某个阈值 δ（如 10^{-5}）。基于上述 k-Medoids 聚类，可以得到包含所有概念的 k 个概念聚类。对 F 的约束优化问题为不可判定的约束非线性优化问题。算法 6.2 给出对 M 和 $\boldsymbol{W}$ 的局部优化方法。

算法 6.2　概念聚类

输入:$C=\{c_1,\cdots,c_j,\cdots\}$:概念集合。

　　　α:与初始 medoid 个数相关的阈值。

　　　T:最大迭代次数。

　　　Γ_{isA}:包含 IsA 关系的语义网络。

输出:k 个聚类$\{K_1,\cdots,K_k\}$。

1. 初始化迭代计数器 $t=0$;

2. 根据式(6.6)生成初始化的 medoid 集合 $M^t=[m_1^t,m_2^t,\cdots,m_k^t]$;

3. 根据式(6.7),将每一个概念 c_i 分配到某一个聚类 $K*$(其 medoid 为 $m*$);

4. 根据式(6.10),更新权重矩阵 $\boldsymbol{W}^t$,确保 $F(\boldsymbol{W}^t,\boldsymbol{M}^t)$ 是最小的;

5. 根据式(6.8),更新 M^{t+1} 中的聚类 medoid;

6. 根据式(6.9),计算 $F(\boldsymbol{W}^t,\boldsymbol{M}^{t+1})$;

7. **if** $F(\boldsymbol{W}^t,\boldsymbol{M}^{t+1})-F(\boldsymbol{W}^t,\boldsymbol{M}^t)>\delta$ 且 $t<T$ **then**

8. 　　$t=t+1$,并跳转到步骤 3;

9. **end if**

10. return 聚类$\{K_1,\cdots,K_k\}$;

---

2. 离线概念聚类

k-Medoids 聚类方法的复杂度为 $O(kn^2)$,其中 k 为中心个数,n 为每个聚类中的概念数。为改进效率,语义网络中所有概念的聚类被离线完成。当在线计算时,每个词的概念可以被快速映射到某个离线计算的聚类,这一方法使在线聚类的复杂度降低为 $O(n)$。

为将语义网络的概念聚类,最流行的 k 个概念优先被分为 k 个概念聚类,然后剩余的概念按式(6.5)归入相应的聚类中。最后,上述过程被迭代进行至满足约束条件。在聚类中,实体分布被用来表示某一概念和计算概念之间的相似性。根据概念和实体间的 isA 关系,一个概念和实体的二分图被构建(如图 6-3 所示),概念聚类基于此图完成。其基本思想是如果两个概念拥有很多相同实体,那么它们语义相近。根据二分图,每个概念 c_i 被表示为一个 L2 正则化的向量,如式(6.2)所示,每个维度对应二分图中的一个实体。

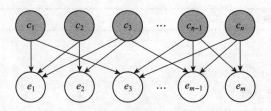

图 6-3　概念实体二分图

虽然概念和实体的结点数目十分庞大，上述二分图实际上非常稀疏。例如，每个概念平均只与 5.72 个实体相连，每个实体平均也只与几个概念相连。因此，对某一概念 c，与其拥有相同实体的概念集合 S_c 并不大。当为 c 找寻最近的概念聚类时，只需检查包含 S_c 中概念的那些聚类。在本章方法中，每个概念只属于一个概念聚类，因此总的检查数很小。不仅如此，二分图中权重（典型度）很小的边很可能为噪声，因而可被忽略。

6.4.2　Max-Max 相似度计算方法

在基本方法中，两个词的相似度通过某一相似度函数基于二者语境进行计算。在改进方法中，三种相似度计算方法被探究，即最大（max）、平均（average）和加权（weighted）相似度。假设 isA 关系 Γ_{isA} 中所有概念的聚类为 $K=\{K_1, \cdots, K_k\}$，C_{t_1} 和 C_{t_2} 分别为两个词所属的概念集合，则 C_{t_1} 和 C_{t_2} 中的概念聚类 K_{t_1} 和 K_{t_2} 分别为：

$$K_{t_1} = \{\boldsymbol{x} \mid \boldsymbol{x} = K_i \bigcap \sup(t_1), \ \forall K_i \in K \wedge \boldsymbol{x} \neq \varnothing\}$$

$$K_{t_2} = \{\boldsymbol{y} \mid \boldsymbol{y} = K_i \bigcap \sup(t_2), \ \forall K_i \in K \wedge \boldsymbol{y} \neq \varnothing\}$$

其中 $\sup(t_i) = \{c \mid \langle c, t_i \rangle \in \Gamma_{\text{isA}}\}$。那么，两个词的相似度可被计算为二者所属聚类对之间的语境相似度：

Max：$\text{sim}(T_{t_1}, T_{t_2}) = \text{Max}_{\boldsymbol{x} \in K_{t_1}, \boldsymbol{y} \in K_{t_2}} \{F(\boldsymbol{x}, \boldsymbol{y})\}$

Average：$\text{sim}(T_{t_1}, T_{t_2}) = 1/\mid K_{in} \mid \sum_{\boldsymbol{x}, \boldsymbol{y} \in K_{in}} F(\boldsymbol{x}, \boldsymbol{y})$ 　　(6.11)

Weighted：$\text{sim}(T_{t_1}, T_{t_2}) = \sum_{\boldsymbol{x} \in K_{in}} w_{\boldsymbol{x}} \sum_{\boldsymbol{y}} \in K_{in} w_{\boldsymbol{y}} F(\boldsymbol{x}, \boldsymbol{y})$

其中 $K_{in} = K_{t_1} \bigcap K_{t_2}$，$w_{\boldsymbol{x}} = v_{\boldsymbol{x}} / \sum_{z \in K_{t_1}} v_z$，并且 $w_{\boldsymbol{y}} = v_{\boldsymbol{y}} / \sum_{z \in K_{t_2}} v_z$。对应的 $\boldsymbol{x}$（或 $\boldsymbol{y}$）向量中的值表示 t_1（或 t_2）和每个 $\sup(t_1)$（或 $\sup(t_2)$）中的

概念的典型度得分，v_x（或 v_y）表示典型度得分在对应向量中的和。

　　使用离线聚类得到的概念聚类和改进的基于概念聚类的相似度度量，整个改进算法如算法 6.3 所示。

算法 6.3　改进方法

输入：$\langle t_1, t_2 \rangle$：词对。

　　　　Γ_{isA}：包含 IsA 关系的语义网络。

　　　　Γ_{ssyn}：在 Γ_{isA} 中的同义词集合。

　　　　Γ_{cluster}：在 Γ_{isA} 中的概念聚类。

　　　　maxD：最大迭代次数。

输出：$\langle t_1, t_2 \rangle$ 的相似度值。

1：根据算法 6.1 中的步骤 1～4，进行同义词检测和类型检测；

2：**if** $\langle t_1, t_2 \rangle$ 是一个概念对 **then**

3：　根据算法 6.1 的步骤 6～7，return $\text{sim}(I_c^{t_1}, I_c^{\bar{t_2}})$；

4：**end if**

5：**if** $\langle t_1, t_2 \rangle$ 是一个实体对 **then**

6：　根据算法 6.1 的步骤 10～11，$s_1 \leftarrow \text{sim}(I_e^{t_1}, I_e^{t_2})$；

7：　从 Γ_{cluster} 找到上下文 K_{t_1} 和 K_{t_2} 的聚类；

8：　根据式 (6.11) 计算得到 $s_2 \leftarrow \text{sim}(K_{t_1}, K_{t_2})$；

9：　return $\max(s_1, s_2)$；

10：**end if**

11：**if** $\langle t_1, t_2 \rangle$ 是一个概念-实体对 **then**

12：　从 Γ_{isA} 中收集实体词 t_i 的概念作为其上下文 C_{t_i}（$i \in \{1, 2\}$）；

13：　从 Γ_{cluster} 找到上下文的聚类 K_{t_i}

14：　**for** K_{t_i} 中的每一个聚类 x **do**

15：　　选择 topK 个概念来作为 t_i 的表示，即

$$C_x^{\text{topK}} = \{c_y \mid c_y \neq t_j, c_y \in x, 1 \leqslant y \leqslant \text{topK}\};$$

16：　　**for** C_x^{topK} 的每一个概念 c_y **do**

17：　　　迭代计算（迭代深度不大于 maxD）c_y 和 t_j 的相似度，并保存到 sim_{c_y}

18：　　**end for**

19：　**end for**

20：　return 根据式 (6.11) 计算得到的相似度值

21：**end if**

6.4.3 聚类删减优化

同基本方法相比,改进方法大幅度优化了词相似度度量的准确性,然而尚存两点不足。首先,最大相似度函数倾向于夸大非主导词义被选中的概率。这是由于小的概念聚类在此函数下差异较小,从而主导了最大相似度得分。然而,很多小的概念聚类实为噪声,这会导致不正确的相似度度量。再者,在目前的概念聚类中,某些词不仅有一个广义的词义,还有一些具体的词义。例如,lunch 具有具体词义 dish 和广义词义 activity。众所周知,activity 是一个很广泛的词义,它会致使不相关的词相似。例如,词 music 也拥有 activity 这个词义,因而算法会误认为其与 lunch 相近。

为解决上述问题,可以采用概念聚类删减的方法。首先,为减少噪声,只包含一个元素或权重很小的概念聚类被删除。某一概念聚类的权重计算方法如下。设词 t 的概念聚类为 $K^t = \{K_1, \cdots, K_m\}$,其中某一概念聚类 K_i 的权重被计算为 $v_i / \sum_i v_i$,其中 $v_i = \sum_{c_j \in K_i} p(c_j \mid t)$ 且 $1 \leqslant i \leqslant m$。接下来,为避免模糊词义的影响,包含广泛词义的聚类被删减。例如,图 6-4 展示了概念聚类后得到的关于 lunch 和 music 的词义的 isA 关系层级结构。由于词义 activity、cost、interest 和 art 都是 dish 和 multimedia 的广义概念,它们将被删除,最终只有具体的词义(如 dish 和 multimedia)将被保留。

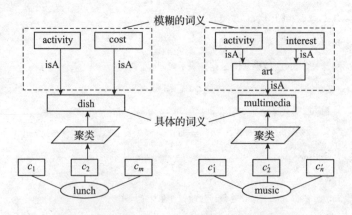

图 6-4 词 lunch 和 music 的模糊词义和具体词义

6.5 相关工作

本节将介绍词语相似度计算的相关工作。与代表了更为广泛关系（如全局-整体关系和共现关系）的语义相关度不同，语义相似度通过上下位词和同义词关系来衡量词概念之间的相似度。

语义相似度的度量对很多网页应用至关重要，如网页信息分析[58]和查询扩展[42]。现有的计算语义相似度的方法主要有两类：第一种方法通过现有的辞典、分类架构和百科全书来计算语义距离，在这一领域更多的方法使用 WordNet 中的 isA 语义关系网络；第二种方法依赖大型文集（如网页文本和搜索片段）来计算词的语境相似度。下文将着重介绍这两种方法的相关工作。

1. 基于知识的方法

大多数基于知识的相似度计算方法使用分类架构，如 WordNet 中的语义树级结构。最为直接的计算方式是基于路径的方法[136]。这一方法十分简单但准确率较低。这是由于它忽略了概念后的隐藏信息。更为先进的方法[131,79,95,141,155]使用词的信息内容（Information Content，IC）来计算词相似度。同时，一些研究使用基于 WordNet 的图算法来计算词相似度，如根权重算法[5]和 WordNet 排序算法[2]。

上述基于知识的方法十分依赖于分类架构和外部文集的完整性。然而，即便是最流行的分类架构 WordNet 也只有有限的覆盖率，且更新速度无法跟上新词产生的节奏。本章提出的方法同样是基于知识的，但其更为有效且扩展性更强。这是由于：①本章使用的知识从整个网络中获取；②本章使用的相似度计算方法可以自动检测词的词义并选择最为恰当的词义进行计算。所有上述的算法框架均无法与 Probase 结合，因为 Probase 不存在树形结构。

2. 基于文集的方法

所有基于文集的相似度计算方法使用文献中的统计信息来计算词相似度。根据语境表示方式的不同,该方法可分为两类:分布模型(distributional model)和基于特征的模型(feature-based model)。下文分别将二者称作分布语言相似度计算方法和基于特征的相似度计算方法。

分布语言相似度计算方法的代表工作如下。Ido 等人[55]提出基于分布语言相似度的概率词联合模型,用于单词消歧。Toutanova 等人[158]提出马尔科夫链模型,模型的平稳分布用以估计单词概率。Rohde 等人[134]提出一个新的向量空间模型,通过大型文集获取单词含义。Mohammad 和 Hirst[113]提出了通过分布度量单词共现来推出概念间的聚类。Kazama[88]等人提出使用贝叶斯方法来计算健全的分布单词相似度。Piitulainen[123]提出一种基于语法决定的共现和频率的方法,来大规模计算芬兰报纸中名词的相似度。

上述方法旨在准确计算词相似度,但通过分布模型得到的表示方式没有认知和行为依据[135]。因此,许多基于特征的语义表示方法被提出。Chen 等人[41]提出通过重复检查搜索片段中的词频来计算词语义相似度。Cilibrasi 和 Vitanyi[44]提出通过搜索引擎获取的网页数量来计算词相似度。Bollegala 等人[28]提出一种新的基于搜索的相似度度量方式。上述方法虽可轻易获取搜索片段和结果作为文集,但耗时较大。这是由于搜索片段和结果需要在线获取,且需要通过解析来获取文本。此外,Radinsky 等人[132]提出一种暂存语义解析(TSA)的方法来获取文集中的暂存信息。在 TSA 中,每个概念被表示为暂时有序的文档的时间序列。这一方法可改进 PCC,但需要大量历史数据。

总之,上述基于文集的方法更适用于计算语义相关度而不是相似度,因为该方法大量使用词与词的共现信息来表示词向量。同时,基于文集的方法对某些语言不适用。

6.6　小结

本章介绍了一种高效准确的词相似度计算方法。该方法使用通过网页文本获取的 isA 语义关系网络来提供词的语境，进而使用概念聚类算法为词消歧，最终使用最大相似度函数来计算相似度。大量实验证明改进的基于聚类的算法可在词对皮尔逊相关系数度量上给出最好的结果，该方法非常高效且可被应用于任何大规模的数据集。在未来，我们将探索如何把该方法应用于短文分类。

第 7 章

基于概念化的海量竞价关键字匹配

搜索广告是搜索引擎的主要收入来源。广告商以关键字对他们的广告竞价，而搜索引擎在竞价关键字基础上通过匹配用户查询进行相关广告推送。由于查询和竞价关键字都是短文本并且不能由标准的词袋方法建模，大部分现有方法是利用用户行为数据（如点击数据、会话数据等）去填补在匹配竞价关键字与用户查询上的语义差距。然而这种方法却不能处理没有很多用户行为数据的长尾查询。尽管它特殊罕见，长尾查询整体上却占据相当大的查询量并且是搜索引擎收入的一个重要来源。本章提出了一种匹配查询和竞价关键字的新方法。利用概率分类和大型同现网络，把短文本概念化成一组相关概念。为了处理大量查询和海量关键字，创建概念的语义索引：通过测量它们在概率空间的相似度，对于给定的查询选择相关的竞价关键字。通过基于 3000 万查询和 7 亿竞价关键字的一系列实验，证明了本章方法的有效性。

7.1 引言

搜索广告主要是匹配与搜索查询相关的广告。每个广告特征由一系列代表它的竞价关键字呈现出来。如果匹配选项是精确匹配，给定的查询与其中一个竞价关键字相同，这个广告就有机会被触发。另一个选项是主流搜索引擎默认提供的智能匹配，在这种情况下，搜索引擎展示与给定查询语义相关的广告。智能匹配可以将大量流量导向广告[165]。但是在大多数情况下，相比精确匹配这种流量缺少针对性。因此，好的智能匹配算法是搜索广告成功的关键。

　　智能匹配颇具挑战性，因为查询和竞价关键字都非常短（平均长度在 2.4 到 2.7 个字之间[22]）。因此，基于语法相似度的匹配召回率非常低（仅仅 30％到 40％的搜索查询被广告结果覆盖）[18,165]。为了解决这种单词不匹配的问题，匹配必须是基于语义的。主题模型[29,54]展示了语义的潜在主题分布。它们对正常文档的语料库是有用的，但是查询以及竞价关键字太短而不能提供统计学上有意义的信号。一个更有效的方法是用额外的外部知识增加查询，如用户行为数据[22,48,62]。但是这种方法仅仅对热门查询有效，不适合处理有很少或没有用户历史行为数据的长尾查询。不幸的是，长尾查询（Tail queries）虽然单次查询量很少，但是它整体上的查询量仍然是所有查询的一个重要组成部分[18]。

　　为了处理长尾查询，可以使用概念袋（bag-of-concepts）来表示长尾查询的语义。这种思想启发于基于一组 Wikipedia 的概念（即 Wikipedia 页面的标题）来模型化文本片段的语义的方法（ESA）[66]。尽管 ESA 提出了一种文本理解的思路，但在 Wikipedia 的概念（文章标题）和人类精神世界[153]的清晰概念中仍然存在着很大鸿沟。另外，基于概念层次[50]的方法很大程度上依赖于所采用的概念层次的质量和覆盖面，而 Wikipedia 的概念空间是有限的（约 111 654 个概念[166]）。因此，本书采用 Web 规模数据驱动的知识库，如 Probase[166]或 Yago[144]。另一个影响因素是将文字片段映射到它们相关概念上的精度（本书称之为概念化）[50]。ESA 的概念化是基于文本片段和 Wikipedia 文章之间词的共现。原始词和产生的概念之间的关系可以视为弱 isA 关系，因为 Wikipedia 文章中的大部分高频词和文章标题没有 isA 关系。当输入的文本片段非常短时，弱 isA 是不可靠的，这就导致 ESA 常常会将文本关联到无关的概念上。

　　为了精确地概念化短文本，本章直接利用基于语义网络所提供的

isA 关系。假如语义网提供了"apple"以相同概率属于 fruit、tree 和 com-pany，那么就可以把短文本"apple"概念化成一种包含 fruit、tree 和 company 且三者权重相等的概念袋。因此，在这种方法中原始词和产生的概念之间的关系是严格的 isA 关系。除了这些 isA 关系，我们还可以利用大规模共现网络。通过挖掘诸如（"surface"，"ms"）、（"nexus"，"google"）等高频数据对，可以了解（device，company）是一种常见的语义模式。因此这样可以对很多短文本如"ipad apple"中的"apple"进行概念消歧，以避免用不正确的概念匹配。即使输入的短文本是稀疏的、有噪声的以及包含歧义的，这种方法仍然可以把它转化为丰富、明确和精确的表示，然后基于这样的语义表示进行相似度计算。

除了有效性，性能对搜索广告也是至关重要的，因为在这种情况下有几十亿条如查询和竞价关键字的短文本。除此之外，这种方法中每个短文本都被映射到概念空间以构成一种语义表示。因此，基于这种语义表示的短文本之间的相似度匹配比那些基于词袋（bag-of-words）（约两个字）进行匹配的方法要更为复杂。因此，不能简单地使用给定的查询和所有竞价关键字计算相似度得分，而应该有效地利用局部敏感散列（LSH）来选择一小部分相关的竞价关键字，再进行更仔细的排序。

综上所述，本章主要贡献如下：

- 提出了一种新的查询与竞价关键字匹配的方法。这种方法更具有鲁棒性，因为：①利用 Web 规模数据驱动的知识库（data-driven knowledgebases）；②通过比弱 isA 关系更加可靠的严格 isA 关系概念化文本。

- 提出了概念化的一种新算法。通过利用分类和共现网络，这种算法根据 isA 关系和上下文将每个实体映射到适当的概念上。

- 实验结果表明，这种方法可以将各种查询（包括头查询和长尾查询）都匹配到相关的竞价关键字上。这对目前的付费搜索广告系统是非常关键的，因为对长尾查询选择有针对性的广告是目前的主要瓶颈。

- 这种方法可以扩展到大规模数据集。目前，本章所提方法已在一个商业搜索引擎的广告系统中测试，可将 3000 万查询与 7 亿竞价关键字进行匹配。

本章组织如下：7.2 节简要介绍采用的语义网络；7.3 节提出系统架构；7.4 节提出概念化算法；7.5 节描述对给定查询检索竞价关键字的算法；7.6 节回顾相关工作；7.7 节总结本章和未来工作。

7.2　语义网络

随着大规模概率知识库及语义网络的出现，如 Probase[166] 和 Yago[144]，给短文本理解带来了新的机会。本章采用 Probase 的原因在于，一个巨大的概念空间对跨领域竞价关键字的理解是不可缺少的。Probase 能够覆盖世界上大多数的概念。本章使用的这个版本的 Probase 包含了 826 万个实体（如"windows phone 7"、"ipad"、"kindle"等）和约 270 万个概念（如"platform"、"device"、"ebook reader"等）。在本章的其余部分，使用 e 表示一个实体，c 表示一个概念。

所有的实体和概念通过 isA 关系分层组织。例如，"kindle"是"ebook reader"概念的一个实体。需要注意到，isA 关系在子概念和概念之间也存在（例如，子概念"ebook reader"是概念"device"的一个实体）。与传统分类法相比，Probase 所包含的 isA 关系可以概率化：

$$\Pr(e \mid c) = \frac{n(e, c)}{n(c)}$$

$$\Pr(c \mid e) = \frac{n(e, c)}{n(e)} \qquad (7.1)$$

其中 $n(c)$、$n(e)$、$n(e, c)$ 分别表示 c 的频率、e 的频率，以及从数十亿 Web 网页中提取的满足 Hearst patterns[69] 的 e 和 c 共同出现的频率。这些概率有一定的自然属性：$P(e \mid c)$ 反映了 e 对给定 c 的典型性，$P(c \mid e)$ 反映了 c 对给定 e 的典型性。使用这些概率作为基本组件来对文本概念化建模。

也可以使用 Probase 的实体共现网络，该网络在每个结点是一个 Probase 实体，并且两个结点之间的边是实体之间的共现关系。对于 826

万个实体，从 16.8 亿网页中提取它们的共现关系。当两个实体同时出现在一句话中时，将会对它们的共现频率加 1。最后得到有 286 亿条边的加权网络。经过一些过滤（例如删除频率小于等于 5 的边），最终网络包含大约 37.3 亿条边。这些共现信息将被用于消除一个实体属于多个概念的歧义，从而避免概念噪声。

7.3 系统框架

在本节中系统图（见图 7-1）展示了数据如何通过整个系统。与传统的 IR 系统类似，它分为在线和离线的组件。

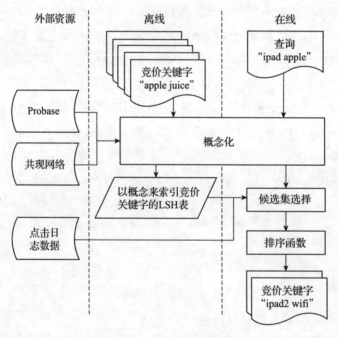

图 7-1　整体系统架构

在离线处理中，概念化每个竞价关键字，也就是把每个竞价关键字映射到一组有代表性的概念上。这样通过计算短文本相应的概念集之间的相似度可估计两个短文本之间的相似度。为达到大规模计算相似度的目的，利用局部敏感散列(LSH)对竞价关键字进行索引。LSH 能够高效地找到与查询在概念空间上类似的竞价关键字。此外,还可以通过点击日志数据来挖掘查询和索引之间的语义关联(即共同点击关系)来支持高效查找。

在在线处理部分,当一个查询来临时,首先使用与竞价关键字相同的方式来将其概念化。然后从大规模的竞价关键字集中通过用户行为数据(针对头查询)和 LSH(针对长尾查询)选取与给定查询相关的一小部分竞价关键字。最后,对候选项排名,并且匹配排名靠前的广告关键字。

7.4 概念化

概念化把词袋模型"提升"成概念袋模型,是人类认知过程中最基础的步骤。它是针对短文本语义理解问题的一个很好的解决方案。具体而言,它可以处理如下不同情况:

- (同义词)尽管字面上完全不同,但"auto"和"car"都可以抽象到概念"tool"、"vehicle"与"transportation"等。因此,在概念层次上"auto"与"car"是能够匹配的。
- (多义词)尽管字面上相似,但"ipad apple"的"apple"抽象到概念"device"、"IT company",而"apple drink"的"apple"则抽象到概念"fruit"、"flavor"。因此,它们可以在概念级上做区分。

为了让机器能如此处理短文本理解任务,本章使用涵盖世界上大部分概念的 Probase 来提供的丰富概念性知识。

7.4.1 实体检测

从一个如"windows phone app"的短文本中,检测出不属于任何其他实体的(即该实体不是另一个实体的子类)所有 Probase 实体。基于这个规则,"windows phone app"可以转换为一组 Probase 实体{"windows phone","phone app"}。实际上,一个实体如果被另一个实体完全覆盖,则这个实体很可能是修饰符或主题词。而概念化会把短文本的表示从词级别"提升"到概念级别，实体越具体越能避免产生"过度抽象"的概念。

7.4.2 词义推导

首先将 Probase 进行预处理，将每个实体的概念进行聚类，以便使每个概念聚类表示一种语义。表 7-1 显示了实体"apple"的词义"tree"、"fruit"和"company"。

表 7-1 短文本"ipad apple"的概念化结果

实体	词义	代表性实体
e_1＝ipad	$s_1=\{device,$ iso device, apple device, platform, tablet device, mobile device, portable device, technology, tablet device, tablet, gadget, …}	$U_1=\{$iphone, mobile phone, ipod, laptop, ipod touch, pdas, smartphones, apple tv, apples's ipad, phone, notebooks, kindle, …}
e_2＝apple	$s_1=\{tree,$crop,fruit tree, …}	$U_1=\{$peach, mango, pear, cherry, banana, carrot, potato, pecan, sweet potato, …}
	$s_2=\{fruit,$food,fresh fruit, flavor, juice, snack, healthy snack, …}	$U_2=\{$grape, banana, orange, strawberry, pear, peach, mango, cheese, cherry, chocolate, …}
	$s_3=\{company,$ brand, firm, corporation, …}	$U_3=\{$microsoft, ibm, sony, dell, motorola, google, intel, hp, nokia, cisco, …}

对于每个实体 e，利用 isA 关系和典型性来聚类它的相关概念。首先，通过典型性(也就是 $\Pr(c\mid e)$)对 e 的概念进行排序并且选择前 K 个概念。K 的值通常为几十个(本实验中值是 15)，然后采用聚合法聚类这 K 个概念。在开始阶段，这 K 个概念中的任何一个都被视为一个独立的聚类。接下来，如果任何两个概念之间存在 isA 关系，则它们的聚类将被合并。

事实上，主流的分类法(自动生成或手动创建)数据干净但不够完整。例如，"conventional input device"概念和在"mouse"第一种语义(见表 7-2)中的任何别的概念之间都不存在 isA 关系。但是，最终可以正确地将它们合并，这需要通过一个简单的规则：如果某一个概念是另一个概念的后缀,则一起合并它们的聚类。事实上,"device"不仅是"conventional input device"的主题词,而且是"mouse"第一个词义中大部分概念的主题词。

这个过程产生了一个或多个初始聚类,表 7-2 展示了一些模糊实体的初始聚类。这些初始聚类中的实体是它所包含的所有概念的实体的联合,这样通过衡量与 e 相关的其他概念所包含的实体与这些聚类实体的重叠度,就可以将这个概念分配到它最接近的聚类中。

表 7-2 模糊实体的初始聚类

apple	blackberry	palm	bass	mouse
fruit	fruit	plant	warm water fish species	cursor control
food	berry	tree	fish	device
fresh fruit	small fruit	plant	predator	input device
flavor	food	* * * * *	fish species	peripheral usb device
juice	dark berry	oil	* * * * *	peripheral device
snack	fresh fruit	vegetable oil	wood	conventional input device
healthy snack	plant	tropical oil	* * * * *	external device
* * * * *	dark fruit	brand	instrument	computer peripheral
company	* * * * *	edible oil	musical instrument	computer input device
brand	device	plant oil	stringed instrument	* * * * *
firm	mobile device	* * * * *	acoustic instrument	mammal
corporation	smartphones	device	sound	ainmal
* * * * *	smart phone	personal digital assistant	traditional instrument	small animal
fruit tree	platform	pdas	* * * * *	mammalian cell
crop	phone	handheld computer	* * * * *	model organism
tree	handheld device	platform	beer	rodent

7.4.3 消除歧义

在上述步骤中,已经把短文本"ipad apple"转变成一组实体 $E =$

{e_1="ipad"，e_2="apple"}，以及它们的概念聚类（如表 7-1 所示）。消除歧义的任务是识别语义模式"device-company"，因为"apple"在本书中是指"company"而不是"tree"和"fruit"。从形式上而言，需要确定 $\boldsymbol{p}=(p_1, p_2)=(1, 3)$，其中 p_i 表示的是 e_i 的第 i 个词义。

假设从某个短文本中检测出的实体为"apple"和"microsoft"，可以推测出"apple"是指"company"，因为"microsoft"只有一种词义即"company"。从形式上而言，对每一对实体 (e, e')，假设 e 有词义 $s_1, \cdots, s_m$，而 e' 有词义 $s'_1, \cdots, s'_n$，可以在它们的每一对词义之间计算出一个 Jaccard 相似度：$JS(s_i, s'_j)=\dfrac{|s_i \bigcap s'_j|}{|s_i \bigcup s'_j|}$，假设词义对 (s_i, s'_j) 在两个实体的所有词义对中达到最大相似度，并且相似度超过预设的阈值 $t=1/3$，分别为 e、e' 保留 s_i、s'_j，并且删除它们的所有其他词义。

但是，在大多数情况下，出现在一个短文本中的两个词，虽然相关，但并不一定属于相同的词义，这就意味着它们的意义相似度低于预设的阈值。例如，如果检测到实体为 $E=${"ipad"，"apple"}，则无法消除"apple"的歧义，因为"device"和"company"并不相似，所以它们的相似度值肯定低于预设的阈值。在这种情况下，除了"apple"是一个"company"和"ipad"是一个"device"的知识，人类能通过知道"ipad"是"apple"一个产品推测语义，而机器则不一定知道这种关联。为了解决这个问题，本章提出一种通过上下文联系（contextual-continuity，CC）来挖掘语义模式，从而帮助机器推测语义。这个方法基于如下观察：在数据集中存在很多符合语义模式"device-company"的实体对，并且这些实体对是无歧义的，如"kindle amazon"、"surface microsoft"、"nexus google"等。在这些实体对中，"amazon"、"microsoft"及"google"的词义是"company"，而"kindle"、"nexus"的词义是"device"。通过以上观察，可以发现如果一个词义对（即语义模式）所包含的代表性实体有很高的共现性，则这个词义对有很强的上下文连贯性。因此，通过使用前面提到的网络实体共现可以衡量语境连续性，把网络表示成一个带加权边的有向图，其中每个顶点代表一个实体，边的权重 (u, v) 表示实体 u 和 v 的共现频率。则实体 u 的总出现次数可以通过累加其所有边的权重得到：

$$w(u) = \sum_{v \in G} w(u, v)。$$

接下来，假设一个实体 e 有词义 $s_1, \cdots, s_m$，对每一种词义 s_i 都可以用一组代表性的实体（记为 U_i）表示它。U_i 中的元素为使得 $\Pr(u \mid e, s_i)$ 最大的 top-k 个结点 $u(u \in G)$。基于独立性假设，$\Pr(u \mid e, s_i)$ 可以通过如下公式计算：

$$\Pr(u \mid e, s_i) \propto \Pr(u)\Pr(e, s_i \mid u) = \Pr(u)\Pr(e \mid u)\prod_{c \in s_i}\Pr(c \mid u) \tag{7.2}$$

其中，$\Pr(u)$、$\Pr(c \mid u)$ 根据出现次数和典型性可以直接计算得到，概率 $\Pr(e \mid u)$ 可以通过它直接相邻顶点和间接相邻顶点近似估计出，其中，基于直接相邻顶点的概率为 $\Pr(e \mid u) = \frac{w(u,e)}{w(u)}$，基于间接相邻顶点的概率为 $\Pr(e \mid u) = \sum_{v \in G} \frac{w(v,e)}{w(v)}\frac{w(u,v)}{w(u)}$。表 7-1 最后一列展示了不同词义所包含的排名靠前的顶点。正如看到那样，它们是相应词义的代表性实体。因此，给出的两个实体 e 有词义 $s_1, \cdots, s_m$，而 e' 有词义 $s_1', \cdots, s_n'$，定义 CC 的计算方式如下：

$$\mathrm{CC}(s_i, s_j') = \sum_{(u \in U_i, v \in V_j)}\Pr(u \mid e, s_i)\Pr(v \mid e', s_j')C(u, v) \tag{7.3}$$

其中 $C(u,v) = w(u,v)\log\left(\frac{W}{w(u)}\right)\log\left(\frac{W}{w(v)}\right)$，用于计算 $C(u, v)$ 的加权方法类似于 TF-IDF，共现频率 $w(u, v)$ 相当于词频（TF），其他参数功能类似逆文档频率（IDF）。由此，给定一个短文本可以解析得到，一组实体 $E = \{e_1, \cdots, e_D\}$，再根据式（7.4）对这些实体选择词义（即消歧）：

$$p^* = \arg\max_p \sum_{i=1}^{D} \max_{j \neq i} \mathrm{CC}(s_{p_i}, s_{p_j}) \tag{7.4}$$

根据 p^* 为每个实体选择词义并且表示成 $(s_1, \cdots, s_D)$。则该短文本可以表示为其所有实体的词义集合 $U_{i=1}^D s_i$。通过这一概念化过程，最终把短文本从词袋"提升"到概念袋。

由此，短文本 t 通过概念化转为一个概念向量：

$$\text{Conceptualize}(t) = U_{i=1}^{D} \, s_i = \sum_{i=1}^{D} c_i \qquad (7.5)$$

其中 c_i 为词义 s_i 的概念向量，这个向量中的每一个元素是由 Probase 中 isA 关系导出的典型性 $\text{Pr}(c \mid e_i)$。

7.5 检索

通过概念化，能够把每个短文本(查询或竞价关键字)转换成概念向量。因此，通过比较概念向量的相似度，就可以得到短文本之间的语义相似度，从而可以从查询检索出最相似竞价关键字。

在实际过程中，搜索引擎离线扩展了大量的历史查询，以便当一个查询提交时，如果之前该查询已经出现过(即离线预处理的结果)，它们能够立即知道相关的竞价关键字。而在离线处理中，为 3 千万查询 $Q = \{q\}$ 匹配 7 亿竞价关键字 $P = \{p\}$，常规方法需要 $O(|P||Q|)$ 的比较次数。尽管可以利用 map/reduce 集群，由于需要将概念化关键字集 P 放入每个结点的内存，通信成本非常高并且改善有限。而构建从 Probase 概念到竞价关键字映射的倒序似乎有帮助，但是数据不平衡将大大减弱它的优势。此外，倒排索引需要定期更新，因此花费数十天的预处理过程是不合适的。

因此，本章提出一种两阶段的方法来对给定的查询 q 获取相关的竞价关键字。首先，用特定方法选择一个小的候选竞价关键集。其次，再用查询 q 计算与候选项的语义相似度，并进行排名和返回 top-k 个竞价关键字。这种方法既可以在可接受时间内离线处理海量查询集，也可以在在线运行时处理未见过的查询。

在第一个阶段，选择的候选竞价关键字集合要足够小，以便第二阶段的计算成本被压缩到最小，同时确保候选竞价关键字集能够足够真实地覆盖相关的竞价关键字。对于热门查询，候选集的选择方法是利用用户行为数据，对于长尾查询，则是通过构建语义索引来发掘候选集。

7.5.1　基于点击数据的候选竞价关键字选择

通过点击数据可以发现头查询(head query)的候选竞价关键字。用户点击数据提供了查询和 URL[62]之间的关联。基于点击数据的候选竞价关键字选择(CSCD)方法基于"点击相同 URLs 的查询是语义相关的"这一假设。具体做法是得到点击数据$\{(q,\ q',\ u,\ f)\}$，其中 f 是 q 和 q'点击到 u 的次数，然后为这一数据建立一个倒排索引。给定一个查询，则从倒排索引进行查找。假设该查询存在于索引中，则对点击过相同 URL 的其他查询，使用精确匹配核对它是否是一个竞价关键字，并且选择那些是竞价关键字的作为该查询的候选项。如果查询在倒排索引中不存在(即它是个长尾查询)，则转到第二候选方法中。

7.5.2　基于概念的候选竞价关键字选择

长尾查询通过相关联的概念集合来选择候选竞价关键字集合。具体而言，可以这样假设，两个短文本的概念集越相似，这两个短文本就越相关。在这种假设下利用 Jaccard 相似度($JS(p,\ q)=\dfrac{|\ p\bigcap q\ |}{|\ p\bigcup q\ |}$)并且选择一个阈值 $T=0.8$；对于每个给定的查询 q，满足$\{p\in P\mid JS(p,\ q)\geqslant t\}$的成员有资格成为 q 的候选竞价关键字。

为了高效地选择竞价关键字$\{p\in P\mid JS(p,\ q)\geqslant t\}$，可以利用 LSH 来实现。LSH 是主要依靠最小散列族 F 和显带技术(banding technique)[161,15]的近似算法。如果任选 F 中的某一最小散列函数$f(\cdot)$，满足 $\forall p,\ q,\ \Pr(f(p)=f(q))=JS(p,q)$，则意味着 $f(\cdot)$保持了原始的基于概念的语义相似度。为了计算 LSH 签名，首先从 F 重复选取 $r\times b$ 最小散列函数，然后把它们分为 b 个显带并且每个显带有 r 个最小散列函数，即 $Band_i(\cdot)=(f_{i1}(\cdot),\cdots,f_{ir}(\cdot))$。因此，$\forall p,\ q,\ \Pr(Band_i(p)=Band_i(q))=JS(p,q)^r$。最后，短文本 p、q 在散列表中冲突(即具有相同的签名)的情况定义如下：

$$Sig(p)=Sig(q)\Leftrightarrow \exists i=1，\cdots，b\ s.t.\ Band_i(p)=Band_i(q)$$

因此，给定一个查询 q，假设一个竞价关键字 p 满足 $JS(p，q)=d$，那么 $Pr(Sig(q)=Sig(p))=1-(1-d^r)^b$。在具体实现中，本章令 $r=8$ 并且 $b=16$，则冲突概率是关于 d 的一个函数，显示为 S 型曲线（见图 7-2）。

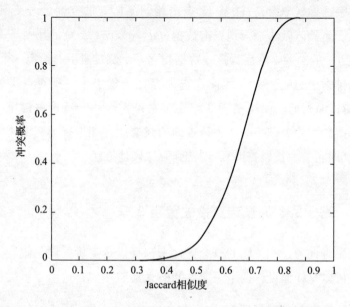

图 7-2　$Pr[Sig(p)=Sig(q)]=1-(1-d^r)^b$

对于所有的 $p\in P$ 预先计算 LSH 签名。对于每个 $Band_i$，将其索引看成是形式如（key：x，value：$\{p\in P\mid Band_i(p)=x\}$）的键值对。通过键值对内存对象缓存系统[152]在特定机器中维持每个 $Band_i$ 索引。在运行时，当遇到查询 q，首先计算它的概念集 LSH 签名，在将每个 $Band_i$ 分别分配到它相应的索引存储机器。对于每个 $Band_i$ 分别核对 $Band_i(q)$ 是否正好是某个键值对的键，如果是则这个键值对的值（即 $\{p\in P\mid Band_i(p)=Band_i(q)\}$）会被考虑作为一个候选。然后精确计算查询 q 与这些竞价短语 Jaccard 相似度，并且最多返回 100 条竞价关键字作为候选项。最后合并从 b 台机器返回的结果，并且通过它们的 Jaccard 相似度值降序排列这些竞价关键字，最前面的 100 条竞价关键字被选中作为最终的查询候选项。通过 LSH 方案代替了繁琐的计算，还能以平行方式在 b 台机器同时处理，因而大大提高了效率。

7.5.3 排名

最后，为每个给定查询以及对应的候选竞价关键字计算一个语义匹配得分（Semantic-Matching Score，SMS）。然后根据候选项对应的语义匹配得分进行降序排列，并且选择排名靠前的关键字作为结果。直观上，语义匹配得分应该和短文本的语义相似度成比例。由于每个短文本被特征化一个概念向量，通过计算它们相应概念向量之间的相似度可以估算短文本之间的相似度。从形式上而言，对于每个查询 q 和竞价关键字 p，它们对应的概念向量表示为 Conceptualize(q) 和 Conceptualize(p)，则它们的语义匹配得分定义如下：

$$SMS(q, p) = \cos(\text{Conceptualize}(q), \text{Conceptualize}(p))$$

7.6 相关工作

本章提出的技术主要与搜索广告和文本理解相关。

因为查询的平均长度是 2[25]，查询扩展已经被认为是解决文字不匹配问题[48]的一种有效的方法。现有的方法主要集中在用各种外部数据源来扩展查询，包括原始搜索结果[17,81]、用户行为数据[22,48,62]和关键字与广告之间的竞价关系[165]等。Ricardo 等人[25]建议通过聚合点击 URL 的加权词向量来代表查询，这样可以同时利用了搜索结果和用户行为数据。然而，在大多数情况下，那些少见但在查询量中又占有显著比例[18]的长尾查询没有足够的用户行为数据。

更重要的是，很多查询处理任务和关键字研究的关键问题是计算短文本之间的相似性。以前的工作主要集中在计算大型文档或个别文字[112]的文本语义相似度上，因为查询和竞价关键字太短而不能得出可靠的统计信号。LSA 方法[29,54,70]对于短文本片段做索引不是一个有效的方法。除了基于语料库的方法，用于计算短文本语义相似度的现有方法很大程度上是基于知识的[50,66,76,153]。常用的知识库包括 WordNet、open directory project（ODP）以及 Wikipedia。Chen 等人[50]指出，基于知识型方法的效果受所使用的概念层次的覆盖率和精度影响显著。本章中的方法模型和短文本排序在 Probase[166]概率语义网络的帮助下，能够有效利用目前最大的概念空间。除此之外，大部分基于知识的方法映射短文本到它们的概念空间，是基于与原始文本中的词共同出现的文章或网页的概念。考虑到查询和竞价关键字是非常短的，这样的方案显然是不合理的。

7.7　小结

本章提出了一种匹配查询和相关竞价关键字的新方法。实验结果表明，该方法无论对热门还是冷门查询都能成功地为每个给定查询选择相关但是又不是特别明显的竞价关键字。大多数现有方法由于利用历史数据而不能被应用于长尾查询，因此本章方法的有效性证实了语义知识在搜索广告中是必不可少的。

未来，可以进一步优化本章所提出的排序函数（即语义匹配得分，SMS）。在本章方法中，一个短文本被建模成 Probase 的概念空间中的一个点（向量）。把语义匹配得分定义成两个短文本之间的夹角也许并不是最完美的，因为概念向量中的元素并不是相互独立的，未来可以把不同概念之间的关系也考虑进来。

第 8 章

短文本理解研究展望

短文本理解是机器实现人工智能的一个重要组成部分。针对机器智能的特质，自动化的短文本理解可被定义为将文本转化为任何机器可以获取其含义的编码形式。基于此，大量先前工作(如 LSA 模型、NLM、LDA 模型等)通过挖掘文本数据中的隐藏信息，获取词与词、词与文本之间的联系，从而获取短文本编码。与此同时，另一方向的研究(ESA，概念化)使用知识库来获取明确的词汇语义知识，从而辅助短文本理解。尽管如此，何为最有效的短文本解释方式仍有待探索。本章将尝试从两个方面讨论短文本理解领域的未来工作。

8.1 知识语义网

由于短文本包含词数较少，因此知识对短文本的理解不可或缺。

一方面，传统的知识库(如 WordNet、Freebase、Yago 等)往往包含大量与实体相关的事实，但机器无法直接根据这些非黑即白的事实进行线上推测。另一方面，基于词汇的语义网络，如 KnowItAll、NELL 和 Probase，尝试捕捉人类大脑中的常识。它们希望让机器更好地理解人类的沟通，而不仅仅基于文字本身进行计算。这些语义网络是面向自然语言的，并且通常与一些统计信息有关，如共现次数。通过这些信息，机器可以通过语义网中的概率进行在线推导。

目前，虽然已经有一些基于语义知识网来进行短文理解的工作[153,90,77,172]，但这些工作仍然比较初步，多是基于一些观察所构建的模型，缺乏系统性理论支持。未来工作可深入探索语义网在解读短文本工作上的应用，从而构建一套完备的理论模型。

8.2　显性知识和隐性知识的结合

从另一个角度而言，如上文所述，机器可获取的知识包含了显性知识和隐性知识。未来工作应着重探索二者的结合以完善短文本含义的表示方式。

1. 显性知识改进隐性模型

显性知识库可以用来完善隐性的空间向量。换言之，向量应以某种方式反映知识库中实体间的关系。例如，Bian 等的工作[23] 使用 WordNet 中的词汇关系作为限制来辅助 NLM 的训练，使得这些词汇关系（如同义词关系）能够在训练所得的词向量中得以体现。

2. 隐性知识改进显性模型

隐性空间向量可以帮助提高概念化的准确性。例如，Cheng 等[49] 使用改进的 NLM 将 Probase 的实体和概念，以及文本中的其他词均映射至统一的向量空间。在这样的设置下，对于某一实体词，其语境词与概念的相关性可以很容易地使用空间距离度量。这一结合语境判断概念的方法有潜力提升概念化的效果。

如图 8-1 所示，未来工作应围绕强调显性和隐性知识的联系，构建能够更准确体现真实的词与概念语义的向量空间，提升将短文本转换成机器内部表示这一环节的准确性。

　　综上所述，随着短文本数据迅猛增长，短文本理解研究是近年来的一个研究热点。这也是基于关键字的搜索技术达到一定瓶颈之后的必然选择。目前虽然已经有一些相关工作关注这一挑战性问题，但仍有许多未解难题有待将来进一步研究解决。

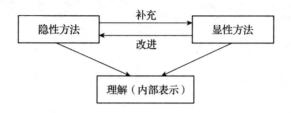

图 8-1　未来工作：结合显性和隐性知识辅助短文本理解

[1] Auer S, Bizer C, Kobilarov G, et al. DBpedia: A Nucleus for a Web of Open Data[M]. Springer, 2007.

[2] Agirre E, Cuadros M, Rigau G, et al. Exploring Knowledge Bases for Similarity[C]. International Conference on Language Resources and Evaluation. Lrec, 2010: 17-23.

[3] Agichtein E, Gravano L. Snowball: Extracting Relations From Large Plain-text Collections[C]. Proceedings of The Fifth ACM Conference on Digital Libraries. ACM, 2000: 85-94.

[4] Agarwal G, Kabra G, Chang K C C. Towards Rich Query Interpretation: Walking Back and Forth for Mining Query Templates [C]. Proceedings of the 19th International Conference on World Wide Web. ACM, 2010: 1-10.

[5] Alvarez M A, Lim S J. A Graph Modeling of Semantic Similarity Between Words[C]. International Conference on Semantic Computing. IEEE, 2007: 355-362.

[6] Almuhareb A, Poesio M. Attribute-Based and Value-Based Clustering: An Evaluation[C]. Conference on Empirical Methods in Natural Language Processing. EMNLP, 2004: 158-165.

［7］ Alfonseca E, Pasca M, Robledo-Arnuncio E. Acquisition of instance attributes via labeled and related instances［C］. Proceedings of The 33rd International ACM SIGIR Conference on Research and Development in Information Retrieval. ACM, 2010: 58-65.

［8］ Agirre E, Alfonseca E, Hall K, et al. A Study on Similarity and Relatedness Using Distributional and Wordnet-based Approaches ［C］. Proceedings of Human Language Technologies: The 2009 Annual Conference of the North American Chapter of the Association for Computational Linguistics. Association for Computational Linguistics, 2009: 19-27.

［9］ Bloom P. Glue for The Mental World［J］. Nature, 2003, 421 (6920): 212-213.

［10］ Bouma G. Normalized (pointwise) Mutual Information in Collocation Extraction［C］. Proceedings of GSCL, 2009: 31-40.

［11］ Barsalou L W. Ideals, Central Tendency, and Frequency of Instantiation as Determinants of Graded Structure in Categories［J］. Journal of Experimental Psychology: Learning, Memory, and Cognition, 1985, 11(4): 629.

［12］ Brill E. A Simple Rule-based Part of Speech Tagger［C］. Proceedings of The Workshop on Speech and Natural Language, 1992: 112-116.

［13］ Brill E. Some Advances in Transformation-Based Part of Speech Tagging［J］. Computer Science, 1994: 722-727.

［14］ Brill E. Transformation-based Error-driven Learning and Natural Language Processing: A Case Study in Part-of-speech Tagging［J］. Computational Linguistics, 1995, 21(4): 543-565.

［15］ Broder A Z. On the Resemblance and Containment of Documents ［C］. Compression and Complexity of Sequences 1997. IEEE, 1997: 21-29.

［16］ Boyd-Graber J L, Blei D M, Zhu X. A Topic Model for Word

Sense Disambiguation [C]. Proceedings of the 2007 Joint Conference on Empirical Methods in Natural Language Processing and Computational Natural Language Learning, 2007: 1024-1033.

[17] Broder A Z, Ciccolo P, Fontoura M, et al. Search Advertising Using Web Relevance Feedback[C]. Proceedings of the 17th ACM Conference on Information and Knowledge Management. ACM, 2008: 1013-1022.

[18] Broder A, Ciccolo P, Gabrilovich E, et al. Online Expansion of Rare Queries for Sponsored Search [C]. Proceedings of the 18th International Conference on World Wide Web. ACM, 2009: 511-520.

[19] Banko, Michele, Cafarella, et al. Open Information Extraction From The Web [C]. International Joint Conference on Artifical Intelligence, 2007: 68-74.

[20] Bengio Y, Ducharme R, Vincent P, et al. A Neural Probabilistic Language Model [J]. Journal of Machine Learning Research, 2003: 1137-1155.

[21] Bollacker K, Evans C, Paritosh P, et al. Freebase: A Collaboratively Created Graph Database for Structuring Human Knowledge [C]. Proceedings of the 2008 ACM SIGMOD International Conference on Management of Data. ACM, 2008: 1247-1250.

[22] Broder A Z, Fontoura M, Gabrilovich E, et al. Robust Classification of Rare Queries Using Web Knowledge[C]. Proceedings of the 30th Annual International ACM SIGIR Conference on Research and development in Information Retrieval. ACM, 2007: 231-238.

[23] Bian J, Gao B, Liu T Y. Knowledge-powered Deep Learning for Word Embedding [C]. Joint European Conference on Machine Learning and Knowledge Discovery in Databases, 2014: 132-148.

[24] Budanitsky A, Hirst G. Evaluating Wordnet-based Measures of Lexical Semantic Relatedness [J]. Computational Linguistics,

2006，32(1)：13-47.

[25] Baeza-Yates R，Hurtado C，Mendoza M. Query Recommendation Using Query Logs in Search Engines[C]. International Conference on Extending Database Technology，2004：588-596.

[26] Blacoe W，Lapata M. A Comparison of Vector-based Representations for Semantic Composition[C]. Proceedings of the 2012 Joint Conference on Empirical Methods in Natural Language Processing and Computational Natural Language Learning，2012：546-556.

[27] Bendersky M，Metzler D，Croft W B. Learning Concept Importance Using A Weighted Dependence Model[C]. Proceedings of The Third ACM International Conference on Web Search and Data Mining. ACM，2010：31-40.

[28] Bollegala D，Matsuo Y，Ishizuka M. A Web Search Engine-based Approach to Measure Semantic Similarity Between Words[J]. IEEE Transactions on Knowledge and Data Engineering，2011，23(7)：977-990.

[29] Blei D M，Ng A Y，Jordan M I. Latent Dirichlet Allocation[J]. Journal of Machine Learning Research，2003：993-1022.

[30] Banerjee S，Pedersen T. An Adapted Lesk Algorithm for Word Sense Disambiguation Using WordNet[C]. International Conference on Intelligent Text Processing and Computational Linguistics，2002：136-145.

[31] Bunescu R C，Pasca M. Using Encyclopedic Knowledge for Named Entity Disambiguation[C]. Conference of the European Chapter of the Association for Computational Linguistics，2006：9-16.

[32] Ricardo B Y，Berthier R N. Modern Information Retrieval：The Concepts and Technology Behind Search Second Edition[J]. Addision Wesley，2011，84：2.

[33] Bellare K，Talukdar P P，Kumaran G，et al. Lightly-Supervised Attribute Extraction[J]. University of Massachusetts-Amherst，

2007.

[34] Baroni M, Zamparelli R. Nouns Are Vectors, Adjectives Are Matrices: Representing Adjective-noun Constructions in Semantic Space[C]. Proceedings of the 2010 Conference on Empirical Methods in Natural Language Processing, 2010: 1183-1193.

[35] Church K W. A Stochastic Parts Program and Noun Phrase Parser for Unrestricted text[C]. Proceedings of The Second conference on Applied Natural Language Processing, 1988: 136-143.

[36] Fellbaum C, Miller G. WordNet: An Electronic Lexical Database [M]. MIT Press, 1998.

[37] Carlson A, Betteridge J, Kisiel B, et al. Toward An Architecture for Never-Ending Language Learning[C]. National Conference on Artificial Intelligence and the Eighteenth Innovative Applications of Artificial Intelligence Conference, 2010.

[38] Cutting D, Kupiec J, Pedersen J, et al. A practical part-of-speech tagger[C]. Proceedings of The Third Conference on Applied Natural Language Processing, 1992: 133-140.

[39] Chang C C, Lin C J. LIBSVM: A Library for Support Vector Machines[J]. ACM Transactions on Intelligent Systems and Technology, 2011, 2(3): 27.

[40] Cheung J C K, Li X. Sequence Clustering and Labeling for Unsupervised Query Intent Discovery[C]. Proceedings of The Fifth ACM International Conference on Web Search and Data Mining. ACM, 2012: 383-392.

[41] Chen H H, Lin M S, Wei Y C. Novel Association Measures Using Web Search with Double Checking[C]. Proceedings of the 21st International Conference on Computational Linguistics and The 44th Annual Meeting of The Association for Computational Linguistics, 2006: 1009-1016.

[42] Carpineto C, Romano G. A Survey of Automatic Query Expansion

in Information Retrieval[J]. ACM Computing Surveys (CSUR), 2012, 44(1): 1.

[43] Coecke B, Sadrzadeh M, Clark S. Mathematical Foundations for Distributed Compositional Model of Meaning[J]. Linguistic Analysis, 2010, 36: 345-384.

[44] Cilibrasi R L, Vitanyi P M B. The Google Similarity Distance[J]. IEEE Transactions on Knowledge and Data Engineering, 2007, 19(3): 370-383.

[45] Collobert R, Weston J. A Unified Architecture for Natural Language Processing: Deep Neural Networks with Multitask Learning [C]. Proceedings of The 25th International Conference on Machine learning. ACM, 2008: 160-167.

[46] Collobert R, Weston J, Bottou L, et al. Natural Language Processing (almost) From Scratch[J]. Journal of Machine Learning Research, 2011, 12(Aug): 2493-2537.

[47] Cafarella M J, Halevy A, Wang D Z, et al. Webtables: Exploring The Power of Tables on The Web[J]. Proceedings of the VLDB Endowment, 2008, 1(1): 538-549.

[48] Cui H, Wen J R, Nie J Y, et al. Probabilistic Query Expansion Using Query Logs[C]. Proceedings of The 11th International Conference on World Wide Web. ACM, 2002: 325-332.

[49] Cheng J, Wang Z, Wen J R, et al. Contextual Text Understanding in Distributional Semantic Space[C]. Proceedings of the 24th ACM International on Conference on Information and Knowledge Management. ACM, 2015: 133-142.

[50] Chen Y, Xue G R, Yu Y. Advertising Keyword Suggestion Based on Concept Hierarchy[C]. Proceedings of the 2008 International Conference on Web Search and Data Mining. ACM, 2008: 251-260.

[51] DeRose S J. Grammatical Category Disambiguation by Statistical

Optimization［J］. Computational Linguistics, 1988, 14（1）:
31-39.

［52］De Marcken C G. Parsing The LOB Corpus［C］. Proceedings of
The 28th Annual Meeting on Association for Computational Lin-
guistics, 1990: 243-251.

［53］Daille B. Approche Mixte Pour L'extraction De Terminologie:
Statistique Lexicale Et Filtres Linguistiques［D］. University of Par-
is, 1994.

［54］Deerwester S, Dumais S T, Furnas G W, et al. Indexing by La-
tent Semantic Analysis［J］. Journal of The American Society for
Information Science, 1990, 41(6): 391.

［55］Dagan I, Lee L, Pereira F C N. Similarity-based Models of Word
Cooccurrence Probabilities［J］. Machine Learning, 1999, 34（1-
3）: 43-69.

［56］Do Q, Roth D, Sammons M, et al. Robust, Light-weight Ap-
proaches to Compute Lexical Similarity［J］. Computer Science Re-
search and Technical Reports, University of Illinois, 2009: 94.

［57］Etzioni O, Cafarella M, Downey D, et al. Web-scale Information
Extraction in Knowitall(preliminary results)［C］. Proceedings of
The 13th International Conference on World Wide Web. ACM,
2004: 100-110.

［58］Evrim V, McLeod D. Context-based Information Analysis for The
Web Environment［J］. Knowledge and Information Systems,
2014, 38(1): 109-140.

［59］Erk K, Padó S. A Structured Vector Space Model for Word Mean-
ing in Context［C］. Proceedings of The Conference on Empirical
Methods in Natural Language Processing, 2008: 897-906.

［60］Fellbaum C, Miller G. WordNet: An Electronic Lexical Database
［M］. MIT Press, 1998.

［61］Fujiwara Y, Nakatsuji M, Onizuka M, et al. Fast and Exact

Top-k Search for Random Walk with Restart[J]. Proceedings of The VLDB Endowment, 2012, 5(5): 442-453.

[62] Fuxman A, Tsaparas P, Achan K, et al. Using The Wisdom of The Crowds for Keyword Generation[C]. Proceedings of The 17th International Conference on World Wide Web. ACM, 2008: 61-70.

[63] Fyshe A, Murphy B, Talukdar P P, et al. Documents and Dependencies: an Exploration of Vector Space Models for Semantic Composition [C]. Joint Conference on Empirical Methods in Natural Language Processing and Computational Natural Language Learning, 2013: 84-93.

[64] Geiss J. Latent Semantic Sentence Clustering for Multi-document Summarization[D]. University of Cambridge, 2011.

[65] Garside R. The CLAWS Word-tagging System[M]. Longman, 1987.

[66] Gabrilovich E, Markovitch S. Computing Semantic Relatedness Using Wikipedia-based Explicit Semantic Analysis[C]. International Joint Conference on Artifical Intelligence, 2007: 1606-1611.

[67] Greene B B, Rubin G M. Automatic Grammatical Tagging of English[M]. Department of Linguistics, Brown University, 1971.

[68] Gärtner M, Rauber A, Berger H. Bridging Structured and Unstructured Data Via Hybrid Semantic Search and Interactive Ontology-enhanced Query Formulation[J]. Knowledge and Information Systems, 2014, 41(3): 761-792.

[69] Hearst M A. Automatic Acquisition of Hyponyms From Large Text Corpora[C]. Proceedings of The 14th Conference on Computational Linguistics, 1992: 539-545.

[70] Hofmann T. Probabilistic Latent Semantic Indexing[C]. Proceedings of The 22nd Annual International ACM SIGIR Conference on Research and Development in Information Retrieval. ACM, 1999: 50-57.

[71] Hermann K M, Blunsom P. The Role of Syntax in Vector Space Models of Compositional Semantics[C]. Proceedings of The 51th Annual Meeting of the Association for Computational Linguistics, 2013: 894-904.

[72] Hippisley A, Cheng D, Ahmad K. The Head-modifier Principle and Multilingual Term Extraction[J]. Natural Language Engineering, 2005, 11(02): 129-157.

[73] Hirst G, St-Onge D. Lexical Chains as Representations of Context for The Detection and Correction of Malapropisms[J]. WordNet: An Electronic Lexical Database, 1998, 305: 305-332.

[74] Hua W, Song Y, Wang H, et al. Identifying Users' Topical Tasks in Web Search[C]. Proceedings of The Sixth ACM International Conference on Web Search and Data Mining. ACM, 2013: 93-102.

[75] Han X, Sun L, Zhao J. Collective Entity Linking in Web Text: A Graph-based Method[C]. Proceedings of The 34th International ACM SIGIR Conference on Research and development in Information Retrieval. ACM, 2011: 765-774.

[76] Hu J, Wang G, Lochovsky F, et al. Understanding User's Query Intent with Wikipedia[C]. Proceedings of The 18th International Conference on World Wide Web. ACM, 2009: 471-480.

[77] Hua W, Wang Z, Wang H, et al. Short Text Understanding Through Lexical-semantic Analysis[C]. Proceedings of IEEE 31st International Conference on Data Engineering. IEEE, 2015: 495-506.

[78] Han X, Zhao J. Named Entity Disambiguation by Leveraging Wikipedia Semantic Knowledge[C]. Proceedings of The 18th ACM Conference on Information and Knowledge Management. ACM, 2009: 215-224.

[79] Jiang J J, Conrath D W. Semantic Similarity Based on Corpus Sta-

tistics and Lexical Taxonomy[J]. ROCLINGX, 1997.

[80] Jurafsky D, Martin J H. Speech and Language Processing: An Introduction to Natural Language Processing, Computational Linguistics, and Speech Recognition[M]. Prentice Hall PTR, 2000.

[81] Joshi A, Motwani R. Keyword Generation for Search Engine Advertising[C]. Proceedings of IEEE 6th International Conference on Data Mining-Workshops. IEEE, 2006: 490-496.

[82] Kopliku A, Boughanem M, Pinel-Sauvagnat K. Towards A Framework for Attribute Retrieval[C]. Proceedings of The 20th ACM International Conference on Information and Knowledge Management. ACM, 2011: 515-524.

[83] Kumaran G, Carvalho V R. Reducing Long Queries Using Query Quality Predictors [C]. Proceedings of The 32nd International ACM SIGIR Conference on Research and Development in Information Retrieval. ACM, 2009: 564-571.

[84] Kartsaklis D. Compositional Operators in Distributional Semantics [J]. Springer Science Reviews, 2014, 2(1-2): 161-177.

[85] Kalchbrenner N, Grefenstette E, Blunsom P. A Convolutional Neural Network for Modelling Sentences[J]. arXiv preprint arXiv: 1404. 2188, 2014.

[86] Kaufman L, Rousseeuw P J. Finding Groups in Data: An Introduction to Cluster Analysis[M]. John Wiley & Sons, 2009.

[87] Klein S, Simmons R F. A Computational Approach to Grammatical Coding of English Words[J]. Journal of the ACM (JACM), 1963, 10(3): 334-347.

[88] Kazama J, De Saeger S, Kuroda K, et al. A Bayesian Method for Robust Estimation of Distributional Similarities[C]. Proceedings of The 48th Annual Meeting of the Association for Computational Linguistics, 2010: 247-256.

[89] Kulkarni S, Singh A, Ramakrishnan G, et al. Collective Annota-

tion of Wikipedia Entities in Web Text[C]. Proceedings of The 15th ACM SIGKDD International Conference on Knowledge Discovery and Data Mining. ACM, 2009: 457-466.

[90] Kim D, Wang H. Context-dependent Conceptualization[C]. International Joint Conference on Artificial Intelligence, 2013: 2654-2661.

[91] Kim Y. Convolutional Neural Networks for Sentence Classification [C]. EMNLP, 2014.

[92] Li X. Understanding The Semantic Structure of Noun Phrase Queries [C]. Proceedings of The 48th Annual Meeting of the Association for Computational Linguistics, 2010: 1337-1345.

[93] Lakoff G. Women, Fire, and Dangerous Things: What Categories Reveal About The Mind[M]. Chicago: University of Chicago press, 1990.

[94] Lovász L. Random Walks on Graphs[J]. Combinatorics, Paul Erdos Is Eighty, 1993, 2: 1-46.

[95] Lin D. An Information-Theoretic Definition of Similarity[C]. Proceeddings of The 15th International Conference on Machine Learning, 1998.

[96] Lund K, Burgess C. Producing High-dimensional Semantic Spaces from Lexical Co-occurrence[J]. Behavior Research Methods, Instruments, & Computers, 1996, 28(2): 203-208.

[97] Lenat D B, Guha R V. Building Large Knowledge-based Systems: Representation and Inference in The Cyc Project[M]. Addison-Wesley Longman Publishing, 1989.

[98] Le Q V, Mikolov T. Distributed Representations of Sentences and Documents[J]. Computer Science, 2014, 4: 1188-1196.

[99] Li X, Wang Y Y, Acero A. Learning Query Intent From Regularized Click Graphs[C]. Proceedings of The 31st Annual International ACM SIGIR Conference on Research and Development in Informa-

tion Retrieval. ACM, 2008: 339-346.

[100] Lee T, Wang Z, Wang H, et al. Web Scale Taxonomy Cleansing [J]. Proceedings of the Vldb Endowment, 2011, 4(12): 1295-1306.

[101] Lee T, Wang Z, Wang H, et al. Attribute Extraction and Scoring: A Probabilistic Approach[C]. Proceedings of The 29th International Conference on Data Engineering, IEEE, 2013: 194-205.

[102] Li P, Wang H, Zhu K Q, et al. Computing Term Similarity by Large Probabilistic Isa Knowledge[C]. Proceedings of The 22nd ACM International Conference on Information and Knowledge Management. ACM, 2013: 1401-1410.

[103] Li Y, Zheng Z, Dai H K. KDD CUP-2005 Report: Facing A Great Challenge[J]. ACM SIGKDD Explorations Newsletter, 2005, 7(2): 91-99.

[104] Murphy G. The Big Book of Concepts[M]. MIT press, 2004.

[105] Moore A. An Introductory Tutorial on Kd-trees[J/OL]. http://www.ri.cmu.edu/publication_view.html? pub_id=2818. 1991.

[106] Merialdo B. Tagging English Text with A Probabilistic Model[J]. Computational Linguistics, 1994, 20(2): 155-171.

[107] Miller G A. WordNet: A Lexical Database for English[J]. Communications of The ACM, 1995, 38(11): 39-41.

[108] Mihalcea R, Csomai A. Wikify!: Linking Documents to Encyclopedic Knowledge [C]. Proceedings of The 16th ACM Conference on Information and Knowledge Management. ACM, 2007: 233-242.

[109] Miller G A, Charles W G. Contextual Correlates of Semantic Similarity[J]. Language and Cognitive Processes, 1991, 6(1): 1-28.

[110] Mikolov T, Chen K, Corrado G, et al. Efficient Estimation of

Word Representations in Vector Space[J]. Computer Science, 2013.

[111] Mervis C B, Catlin J, Rosch E. Relationships Among Goodness-of-example, Category Norms, and Word Frequency[J]. Bulletin of the Psychonomic Society, 1976, 7(3): 283-284.

[112] Mihalcea R, Corley C, Strapparava C. Corpus-based and Knowledge-based Measures of Text Semantic Similarity[C]. National Conference on Artificial Intelligence and the Eighteenth Innovative Applications of Artificial Intelligence Conference, 2006: 775-780.

[113] Mohammad S, Hirst G. Distributional Measures of Concept-distance: A Task-oriented Evaluation[C]. Proceedings of The 2006 Conference on Empirical Methods in Natural Language Processing, 2006: 35-43.

[114] Mikolov T, Karafiát M, Burget L, et al. Recurrent Neural Network based Language Model[C]. Conference of the International Speech Communication Association, 2010: 1045-1048.

[115] McCallum A, Li W. Early Results for Named Entity Recognition with Conditional Random Fields, Feature Induction and Web-enhanced Lexicons[C]. Proceedings of The Seventh Conference on Natural Language Learning, 2003: 188-191.

[116] Mitchell J, Lapata M. Vector-based Models of Semantic Composition[C]. Proceedings of The 46th Annual Meeting of the Association for Computational Linguistics, 2008: 236-244.

[117] Manning C D, Schütze H. Foundations of Statistical Natural Language Processing[M]. MIT press, 1999.

[118] Milne D, Witten I H. Learning to Link with Wikipedia[C]. Proceedings of The 17th ACM Conference on Information and Knowledge Management. ACM, 2008: 509-518.

[119] Navigli R. Word Sense Disambiguation: A Survey[J]. ACM Computing Surveys (CSUR), 2009, 41(2): 10.

［120］Nadeau D, Sekine S. A Survey of Named Entity Recognition and Classification［J］. Lingvisticae Investigationes, 2007, 30 (1): 3-26.

［121］Onuma K, Tong H, Faloutsos C. TANGENT: A Novel,'Surprise me', Recommendation Algorithm［C］. Proceedings of The 15th ACM SIGKDD International Conference on Knowledge Discovery and Data Mining. ACM, 2009: 657-666.

［122］Paşca M. Organizing and Searching The World Wide Web of Facts——step two: Harnessing The Wisdom of The Crowds［C］. Proceedings of The 16th International Conference on World Wide Web. ACM, 2007: 101-110.

［123］Piitulainen J, Piitulainen J. Explorations in The Distributional and Semantic Similarity of Words［J］. Helsingin Yliopisto, 2011.

［124］Paşca M, Alfonseca E, Robledo-Arnuncio E, et al. The Role of Query Sessions in Extracting Instance Attributes from Web Search Queries［C］. European Conference on Information Retrieval, 2010: 62-74.

［125］Paşca M, Van Durme B, Garera N. The Role of Documents vs. Queries in Extracting Class Attributes from Text ［C］. Proceedings of The Sixteenth ACM Conference on Information and Knowledge Management. ACM, 2007: 485-494.

［126］Pasca M, Durme B V. What You Seek Is What You Get: Extraction of Class Attributes from Query Logs［C］. International Joint Conference on Artificial Intelligence, 2007: 2832-2837.

［127］Phan X H, Nguyen L M, Horiguchi S. Learning to Classify Short and Sparse Text & Web with Hidden Topics From Large-scale Data Collections［C］. Proceedings of The 17th International Conference on World Wide Web. ACM, 2008: 91-100.

［128］Ponzetto S P, Strube M. Deriving A Large Scale Taxonomy from Wikipedia［C］. National Conference on Artificial Intelligence,

2007：1440-1445.

[129] Pasca M, Durme B V. What You Seek Is What You Get：Extraction of Class Attributes from Query Logs[C]. International Joint Conference on Artificial Intelligence, 2007：2832-2837.

[130] Pasca M, Durme B V. Weakly-Supervised Acquisition of Open-Domain Classes and Class Attributes from Web Documents and Query Logs[C]. Proceedings of the 46th Annual Meeting of the Association for Computational Linguistics. 2008：19-27.

[131] Resnik P. Using information Content to Evaluate Semantic Similarity in A Taxonomy[C]. International Joint Conference on Artificial Intelligence, 1995：448-453.

[132] Radinsky K, Agichtein E, Gabrilovich E, et al. A Word at A Time：Computing Word Relatedness Using Temporal Semantic Analysis[C]. Proceedings of the 20th International Conference on World Wide Web. ACM, 2011：337-346.

[133] Rubenstein H, Goodenough J B. Contextual Correlates of Synonymy[J]. Communications of the ACM, 1965, 8(10)：627-633.

[134] Rohde D L T, Gonnerman L M, Plaut D C. An Improved Model of Semantic Similarity Based on Lexical Co-occurrence[J]. Communications of the ACM, 2006, 8：627-633.

[135] Riordan B, Jones M N. Redundancy in Perceptual and Linguistic Experience：Comparing Feature-based and Distributional Models of Semantic Representation [J]. Topics in Cognitive Science, 2011, 3(2)：303-345.

[136] Rada R, Mili H, Bicknell E, et al. Development and Application of A Metric on Semantic Nets[J]. IEEE Transactions on Systems, Man, and Cybernetics, 1989, 19(1)：17-30.

[137] Rosch E, Mervis C, Gray W, et al. Basic Objects in Natural Categories[J]. Cognitive Psychology：Key Readings, 2004：448.

[138] Ravi S, Pasca M. Using Structured Text for Large-scale Attribute

Extraction[C]. Proceedings of the 17th ACM Conference on Information and Knowledge Management. ACM, 2008: 1183-1192.

[139] Sebastiani F. Machine Learning in Automated Text Categorization [J]. ACM Computing Surveys (CSUR), 2002, 34(1): 1-47.

[140] Strang G. Introduction to Linear Algebra[M]. Cambridge Publication, 2003.

[141] Sánchez D, Batet M, Isern D. Ontology-based Information Content Computation[J]. Knowledge-Based Systems, 2011, 24(2): 297-303.

[142] Socher R, Bauer J, Manning C D, et al. Parsing with Compositional Vector Grammars[C]. Meeting of the Association for Computational Linguistics. 2013: 455-465.

[143] Soderland S, Fisher D, Aseltine J, et al. CRYSTAL: Inducing a Conceptual Dictionary[J]. International Joint Conference on Artifical Intelligence, 1995, 2(3).

[144] Suchanek F M, Kasneci G, Weikum G. Yago: A Core of Semantic Knowledge[C]. Proceedings of the 16th International Conference on World Wide Web. ACM, 2007: 697-706.

[145] Socher R, Lin C C, Manning C, et al. Parsing Natural Scenes and Natural Language with Recursive Neural Networks[C]. Proceedings of the 28th International Conference on Machine Learning, 2011: 129-136.

[146] Song R, Luo Z, Nie J Y, et al. Identification of Ambiguous Queries in Web Search[J]. Information Processing & Management, 2009, 45(2): 216-229.

[147] Salton G, Mcgill M J. Introduction to Modern Information Retrieval[M]. McGraw-Hill, 1983.

[148] Socher R, Perelygin A, Wu J Y, et al. Recursive Deep Models for Semantic Compositionality over A Sentiment Treebank[C]. Proceedings of the Conference on Empirical Methods in Natural

Language Processing，2013：1631-1642.

[149] Sun J，Qu H，Chakrabarti D，et al. Neighborhood Formation and Anomaly Detection in Bipartite Graphs[C]. Proceedings of IEEE 15th International Conference on Data Mining. IEEE, 2005：8.

[150] Schütze H，Singer Y. Part-of-speech Tagging Using A Variable Memory Markov Model[C]. Proceedings of the 32nd Annual Meeting on Association for Computational Linguistics，1994：181-187.

[151] Shen D，Sun J T，Yang Q，et al. Building Bridges for Web Query Classification[C]. Proceedings of the 29th Annual International ACM SIGIR Conference on Research and Development in Information Retrieval. ACM，2006：131-138.

[152] Shao B，Wang H，Li Y. Trinity：A Distributed Graph Engine on A Memory Cloud[C]. Proceedings of the 2013 ACM SIGMOD International Conference on Management of Data. ACM，2013：505-516.

[153] Song Y，Wang H，Wang Z，et al. Short Text Conceptualization Using A Probabilistic Knowledgebase[C]. International Joint Conference on Artificial Intelligence，2011：2330-2336.

[154] Salton G，Wong A，Yang C S. A Vector Space Model for Automatic Indexing[J]. Communications of the ACM，1975，18 (11)：613-620.

[155] Taieb M A H，Aouicha M B，Hamadou A B. A New Semantic Relatedness Measurement Using WordNet features[J]. Knowledge and Information Systems，2014，41(2)：467-497.

[156] Toutanova K，Klein D，Manning C D，et al. Feature-rich part-of-speech Tagging with A Cyclic Dependency Network[C]. Proceedings of the 2003 Conference of the North American Chapter of the Association for Computational Linguistics on Human Language

Technology-Volume 1, 2003: 173-180.

[157] Toutanova K, Manning C D. Enriching the Knowledge Sources Used in A Maximum Entropy Part-of-speech Tagger[C]. Proceedings of the 2000 Joint SIGDAT Conference on Empirical Methods in Natural Language Processing and Very Large Corpora: Held in Conjunction with the 38th Annual Meeting of the Association for Computational Linguistics-Volume 13, 2000: 63-70.

[158] Toutanova K, Manning C D, Ng A Y. Learning Random Walk Models for Inducing Word Dependency Distributions[C]. Proceedings of the 21st International Conference on Machine Learning. ACM, 2004: 103.

[159] Turney P D, Pantel P. From Frequency to Meaning: Vector Space Models of Semantics[J]. Journal of Artificial Intelligence Research, 2010, 37(1): 141-188.

[160] Tokunaga K, Kazama J, Torisawa K. Automatic Discovery of Attribute Words from Web Documents[C]. International Conference on Natural Language Processing, 2005: 106-118.

[161] Rajaraman A, Ullman J D. Mining of Massive Datasets[M]. Cambridge University Press, 2012.

[162] Van Durme B, Qian T, Schubert L. Class-driven Attribute Extraction[C]. Proceedings of the 22nd International Conference on Computational Linguistics-Volume 1, 2008: 921-928.

[163] Wikipedia[J/OL]. https: //www. wikipedia. org.

[164] Wittgenstein L. Philosophical Investigations[M]. John Wiley & Sons, 2010.

[165] Wang H, Liang Y, Fu L, et al. Efficient Query Expansion for Advertisement Search[C]. Proceedings of the 32nd International ACM SIGIR Conference on Research and Development in Information Retrieval. ACM, 2009: 51-58.

[166] Wu W, Li H, Wang H, et al. Probase: A Probabilistic Taxonomy for Text Understanding[C]. Proceedings of the 2012 ACM SIGMOD International Conference on Management of Data. ACM, 2012: 481-492.

[167] Wang Y, Li H, Wang H, et al. Concept-based Web Search[C]. International Conference on Conceptual Modeling, 2012: 449-462.

[168] Weischedel R, Schwartz R, Palmucci J, et al. Coping with Ambiguity and Unknown Words through Probabilistic Models[J]. Computational Linguistics, 1993, 19(2): 361-382.

[169] Wang Z, Wang H, Hu Z. Head, Modifier, and Constraint Detection in Short Texts[C]. Proceedings of IEEE 30th International Conference on Data Engineering. IEEE, 2014: 280-291.

[170] Wang F, Wang Z, Li Z, et al. Concept-based Short Text Classification and Ranking[C]. Proceedings of the 23rd ACM International Conference on Information and Knowledge Management. ACM, 2014: 1069-1078.

[171] Wang J, Wang H, Wang Z, et al. Understanding Tables on the Web[C]. International Conference on Conceptual Modeling, 2012: 141-155.

[172] Wang Z, Zhao K, Wang H, et al. Query Understanding through Knowledge-based Conceptualization[C]. Proceedings of the 24th International Conference on Artificial Intelligence, 2015: 3264-3270.

[173] Xu W, Liu X, Gong Y. Document Clustering Based on Non-negative Matrix Factorization[C]. Proceedings of the 26th Annual International ACM SIGIR Conference on Research and Development in Informaion Retrieval. ACM, 2003: 267-273.

[174] Yakout M, Ganjam K, Chakrabarti K, et al. Infogather: Entity Augmentation and Attribute Discovery by Holistic Matching with Web Tables[C]. Proceedings of the 2012 ACM SIGMOD International Conference on Management of Data. ACM, 2012: 97-108.

［175］ Yoshida M，Ikeda M，Ono S，et al. Person Name Disambiguation by Bootstrapping［C］. Proceedings of the 33rd International ACM SIGIR Conference on Research and Development in Information Retrieval. ACM，2010：10-17.

［176］ Zhou G D，Su J. Named Entity Recognition Using an HMM-based Chunk Tagger［C］. Proceedings of the 40th Annual Meeting on Association for Computational Linguistics，2002：473-480.

推荐阅读

大数据管理概论

作者：孟小峰 ISBN：978-7-111-56440-9 定价：69.00元

前言（节选）：

陈寅恪先生说："一时代之学术，必有其新材料与新问题。取用此材料，以研求问题，则为此时代学术之新潮流。治学之士，得预于此潮流者，谓之预流（借用佛教初果之名）。其未得预者，谓之未入流。"对今天的信息技术而言，"新材料"即为大数据，而"新问题"则是产生于"新材料"之上的新的应用需求。

对数据库领域而言，真正的"预流"是 Jim Gray 和 Michael Stonebraker等大师们。十三年前面对"数据库领域还能再活跃 30 年吗"这一问题，Jim Gray 给出的回答是："不可能。在数据库领域里，我们已经非常狭隘。"但他转而回答到："SIGMOD 这个词中的 MOD 表示'数据管理'。对我来说，数据管理包含很多工作，如收集数据、存储数据、组织数据、分析数据和表示数据，特别是数据表示部分。如果我们还像以前一样把研究与现实脱离开来，继续保持狭隘的眼光审视自己所做的研究，数据库领域将要消失，因为那些研究越来越偏离实际。现在人们已经拥有太多数据，整个数据收集、数据分析和数据简单化的工作就是能准确地给予人们所要的数据，而不是把所有的数据都提供给他们。这个问题不会消失，而是会变得越来越重要。如果你用一种大而广的眼光看，数据库是一个蓬勃发展的领域"。

推荐阅读

异构信息网络挖掘：原理和方法

作者：孙艺洲 等 ISBN：978-7-111-54995-6 定价：69.00元

大规模元搜索引擎技术

作者：孟卫一 等 ISBN：978-7-111-55617-6 定价：69.00元

大数据集成

作者：董欣 等 ISBN：978-7-111-55986-3 定价：79.00元

云数据管理：挑战与机遇

作者：迪卫艾肯特·阿格拉沃尔 等 ISBN：978-7-111-56327-3 定价：69.00元

推荐阅读

移动数据挖掘

作者: 连德富 等 ISBN: 978-7-111-56256-6 定价: 69.00元

短文本数据理解

作者: 王仲远 ISBN: 978-7-111-55881-1 定价: 69.00元

位置大数据隐私管理

作者: 潘晓 等 ISBN: 978-7-111-56213-9 定价: 69.00元

个人数据管理

作者: 李玉坤 等 ISBN: 978-7-111-56106-4 定价: 69.00元